# 2020—2022 年中国小麦质量报告

付金东　胡学旭　主编

中国农业出版社
北　京

**联系单位：**

农业农村部种植业管理司粮食处
北京市朝阳区农展馆南里 11 号
邮政编码：100125
电话：010－59192898　　传真：010－59192865
E－mail：nyslyc@agri. gov. cn

农业农村部谷物品质监督检验测试中心
北京市海淀区学院南路 80 号
邮政编码：100081
电话：010－82105798　　传真：010－82108742
E－mail：guwuzhongxin@caas. cn

# 《2020—2022年中国小麦质量报告》

## 编辑委员会

**委　　员：** 鄂文弟　刘录祥　周文彬　马有志　付金东　贺　娟　梁　健

**主　　编：** 付金东　胡学旭

**编写人员：** 付金东　胡学旭　陆　伟　吴　丽　李为喜　刘　丽　张　妍　孙丽娟　杜文明　金龙国　张慧杰　李静梅　赵红香　董建涛　屈　悦　李京珊　李延昊　徐　琳　赵　娜　胡　清

# 前言

PREFACE

《2020—2022年中国小麦质量报告》由农业农村部种植业管理司组织专家编写，中央财政项目等资金支持。农业农村部谷物品质监督检验测试中心承担样品收集、质量检测、实验室鉴评和数据分析。

2020—2022年，农业农村部谷物品质监督检验测试中心在河北、内蒙古、江苏、安徽、山东、河南、陕西、甘肃、宁夏、新疆等10个省（自治区）征集样品849份、品种284个。其中，强筋小麦样品393份、品种73个，中强筋小麦样品235份、品种72个，中筋小麦样品211份、品种134个，弱筋小麦样品10份、品种5个。检测的质量指标包括容重、水分、蛋白质含量、降落数值等4项籽粒质量指标，出粉率、沉淀指数、湿面筋含量、面筋指数等4项面粉质量指标，吸水量、形成时间、稳定时间、拉伸面积、延伸性、最大阻力等6项面团特性指标，面包体积、面包评分、面条评分等3项产品烘焙或蒸煮质量指标。

《2020—2022年中国小麦质量报告》根据品种品质分类，按强筋小麦、中强筋小麦、中筋小麦和弱筋小麦编辑质量数据，每份样品给出样品编号、品种名称、达标情况、样品信息和品质数据信息。

《2020—2022年中国小麦质量报告》科学、客观、公正地介绍和评价了2020—2022年度中国主要小麦品种及其产品质量状况，为从事小麦科研、技术推广、生产管理、收贮和面粉、食品加工等产业环节提供小麦质量信息。对农业生产部门科学推荐和农民正确选用优质小麦品种，收购和加工企业选购优质专用小麦原料，市场购销环节实行优质优价政策，都具有十分重要的意义。

受样品特征、数量等因素限制，报告中可能存在不妥之处，敬请读者批评指正。

农业农村部种植业管理司

2022年12月

目录
CONTENTS

# 1　总体状况

## 1.1　样品分布

2020—2022年，农业农村部谷物品质监督检验测试中心从中国10个省（自治区）征集样品849份、品种284个。其中，强筋小麦样品393份、品种73个，来自112个县（区、市）；中强筋小麦样品235份、品种72个，来自79个县（区、市、旗）；中筋小麦样品211份、品种134个，来自105个县（区、市、旗）；弱筋小麦样品10份、品种5个，来自6个县（区、市）（图1-1）。数据表格中，取样年份以样品编号区分，样品编号的前两位即为年份，如样品编号为200013的样品为2020年小麦样品。

中国达标小麦情况：达到《优质小麦　强筋小麦》（GB/T 17892—1999，以下简称G）的样品139份、品种44个，来自47个县（区、市）；达到郑州商品交易所优质强筋小麦交割标准（附录6.2，以下简称Z）的样品364份、品种114个，来自102个县（区、市）；达到中强筋小麦标准（附录6.3，以下简称MS）的样品294份、品种141个，来自87个县（区、市、旗）；达到中筋小麦标准（附录6.3，以下简称MG）的样品120份、品种93个，来自75个县（区、市、旗）；达到《优质小麦　弱筋小麦》（GB/T 17893—1999，以下简称W）弱筋小麦标准（W）的样品8份、品种5个，来自5个县（区、市）。

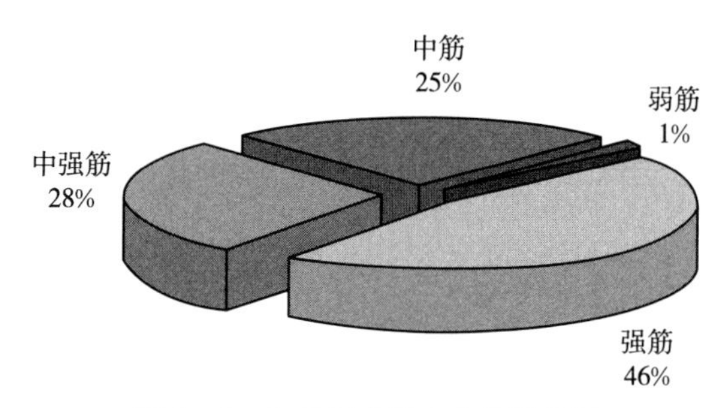


图1-1　各品质类型小麦样品比例

## 1.2 总体质量

2020—2022年中国小麦总体质量分析，如表1-1所示。

**表1-1 2020—2022年中国小麦总体质量分析**

| 品种类型 | 强筋小麦 | 中强筋小麦 | 中筋小麦 | 弱筋小麦 | 总平均 |
|---|---|---|---|---|---|
| 样品数量/份 | 393 | 235 | 211 | 10 | 849 |
| **籽粒** | | | | | |
| 容重（g/L） | 821 | 824 | 817 | 789 | 787 |
| 水分（%） | 10.7 | 10.8 | 10.7 | 11.2 | 10.7 |
| 粗蛋白（%，干基） | 15.1 | 14.1 | 13.6 | 11.4 | 14.6 |
| 降落数值（s） | 423 | 407 | 395 | 336 | 343 |
| **面粉** | | | | | |
| 出粉率（%） | 68.5 | 68.9 | 67.7 | 65.3 | 67.9 |
| 沉淀指数（mL） | 38.5 | 33.3 | 28.5 | 26.0 | 33.1 |
| 湿面筋（%，14%湿基） | 31.9 | 30.6 | 30.3 | 22.7 | 32.6 |
| 面筋指数 | 91 | 85 | 70 | 89 | 73 |
| **面团** | | | | | |
| 吸水量（mL/100g） | 63.4 | 62.3 | 61.9 | 55.8 | 59.9 |
| 形成时间（min） | 8.9 | 5.2 | 3.5 | 1.8 | 4.1 |
| 稳定时间（min） | 17.6 | 11.3 | 5.5 | 2.5 | 7.3 |
| 拉伸面积（$cm^2$，135min） | 142 | 114 | 85 | | 122 |
| 延伸性（mm） | 166 | 155 | 138 | | 161 |
| 最大拉伸阻力（E.U） | 672 | 577 | 473 | | 577 |
| **烘焙评价** | | | | | |
| 面包体积（mL） | 823 | 778 | 747 | | 825 |
| 面包评分 | 83 | 77 | 71 | | 80 |
| **蒸煮评价** | | | | | |
| 面条评分 | 87 | 86 | 86 | | 79 |

## 1.3 达标质量

2020—2022 年中国小麦达标质量分析，如表 1-2 所示。

**表 1-2 2020—2022 年中国小麦达标质量分析**

| 质量标准 | 优质强筋小麦标准（G） | | 郑州商品交易所优质强筋小麦交割标准（Z） | | | 本报告标准 | | 优质弱筋小麦标准（W） |
|---|---|---|---|---|---|---|---|---|
| 达标等级 | 一等（G1） | 二等（G2） | 升水（Z1） | 基准（Z2） | 贴水（Z3） | 中强筋（MS） | 中筋（MG） | |
| **籽粒** | | | | | | | | |
| 容重（g/L） | 812 | 819 | 817 | 821 | 822 | 824 | 819 | 790 |
| 水分（%） | 10.8 | 10.9 | 10.8 | 10.8 | 10.8 | 11.0 | 11.0 | 11.0 |
| 粗蛋白（%，干基） | 16.8 | 15.6 | 16.1 | 15.7 | 14.8 | 15.0 | 14.0 | 10.0 |
| 降落数值（s） | 443 | 419 | 431 | 417 | 412 | 413 | 408 | 373 |
| **面粉** | | | | | | | | |
| 出粉率（%） | 68.0 | 69.0 | 68.6 | 69.0 | 68.7 | 69.0 | 68.0 | 66.0 |
| 沉淀指数（mL） | 43.0 | 40.0 | 42.0 | 38.0 | 36.0 | 34.0 | 28.0 | 18.0 |
| 湿面筋（%，14%湿基） | 37.3 | 33.6 | 34.8 | 34.0 | 31.9 | 31.0 | 32.0 | 18.0 |
| 面筋指数 | 86 | 90 | 91 | 89 | 88 | 85 | 69 | 90 |
| **面团** | | | | | | | | |
| 吸水量（mL/100g） | 65.2 | 63.6 | 64.1 | 63.6 | 62.9 | 63.0 | 63.0 | 54.0 |
| 形成时间（min） | 12.4 | 11.5 | 13.9 | 9.6 | 6.9 | 6.0 | 3.0 | 1.0 |
| 稳定时间（min） | 20.5 | 19.9 | 23.9 | 18.6 | 14.8 | 13.0 | 4.0 | 2.0 |
| 拉伸面积（$cm^2$，135min） | 146 | 147 | 161 | 138 | 129 | 118 | | |
| 延伸性（mm） | 184 | 170 | 177 | 168 | 162 | 156 | | |
| 最大拉伸阻力（E.U） | 626 | 685 | 721 | 644 | 627 | 589 | | |
| **烘焙评价** | | | | | | | | |
| 面包体积（mL） | 848 | 841 | 845 | 810 | 805 | 785 | | |
| 面包评分 | 87 | 86 | 86 | 82 | 81 | 78 | | |
| **蒸煮评价** | | | | | | | | |
| 面条评分 | 89 | 88 | 85 | 87 | 86 | 86 | | |

## 1.4 强筋、中强筋、中筋和弱筋小麦典型粉质曲线、拉伸曲线

中国强筋小麦、中强筋小麦、中筋小麦和弱筋小麦典型粉质曲线和拉伸曲线，如图 1-2、图 1-3、图 1-4 和图 1-5 所示。

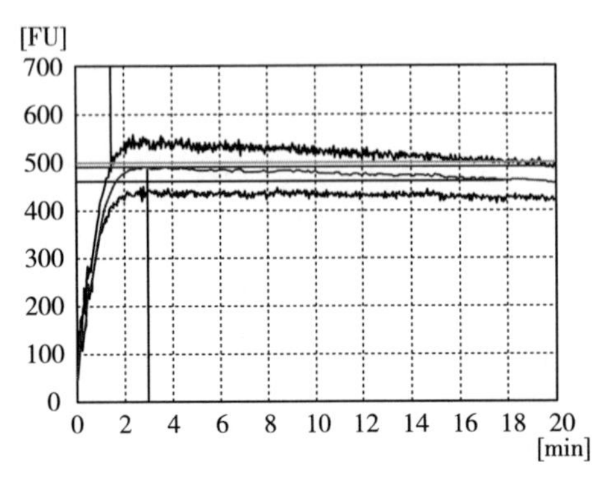


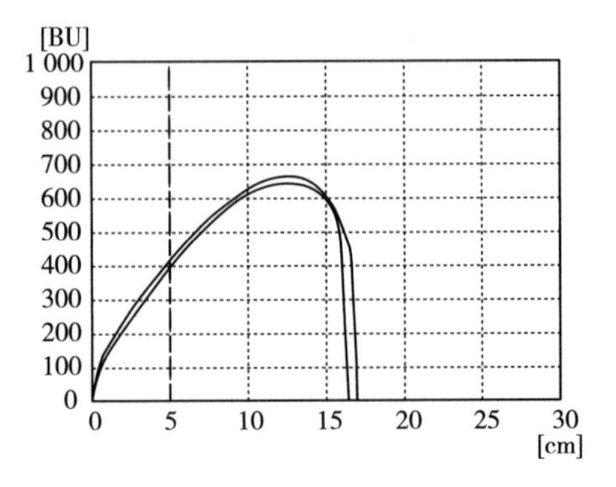


图 1-2 强筋小麦典型粉质曲线（左）与拉伸曲线（右）

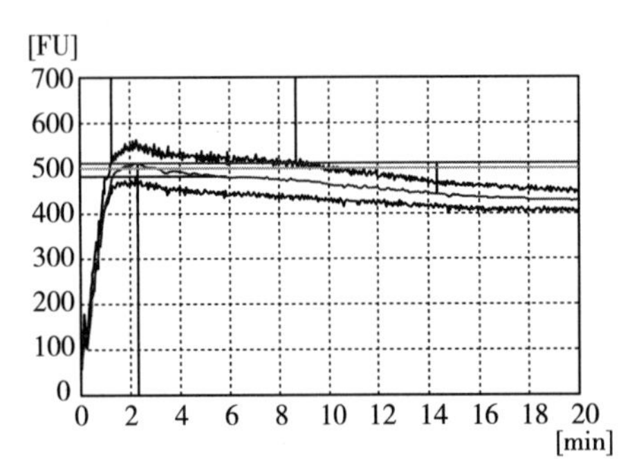


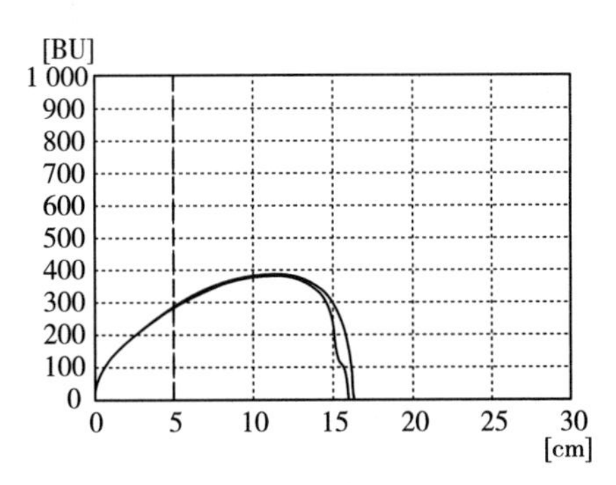


图 1-3 中强筋小麦典型粉质曲线（左）与拉伸曲线（右）

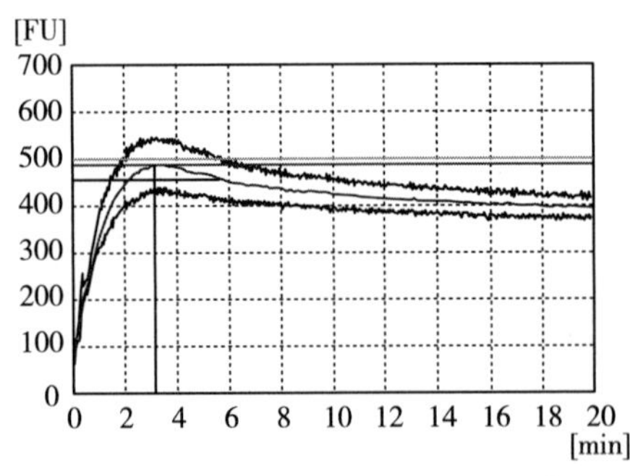


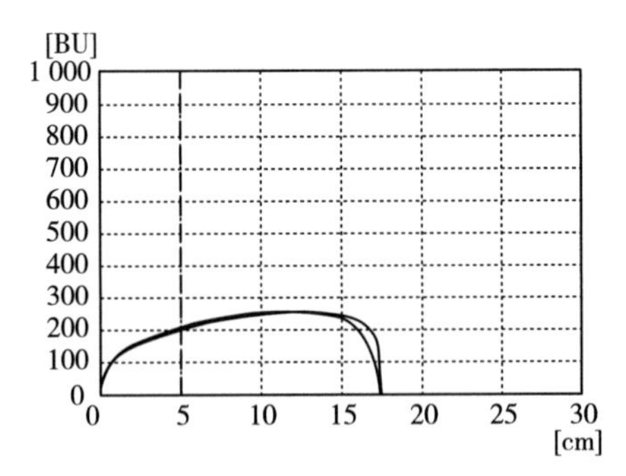


图 1-4 中筋小麦典型粉质曲线（左）与拉伸曲线（右）

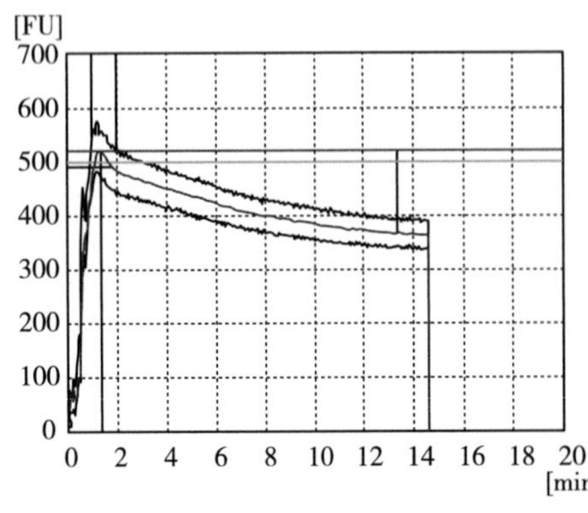


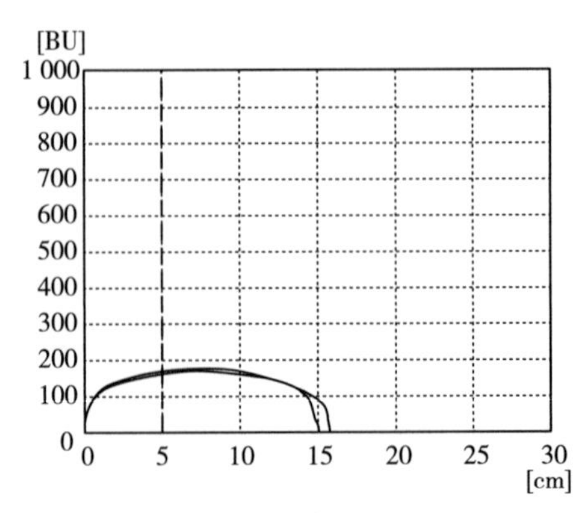


图 1-5 弱筋小麦典型粉质曲线（左）与拉伸曲线（右）

# 2 强筋小麦

## 2.1 品质综合指标

强筋小麦样品中，达到优质强筋小麦标准（G）的样品 122 份，达到郑州商品交易所优质强筋小麦交割标准（Z）的样品 270 份，达到中强筋小麦标准（MS）的样品 133 份，达到中筋小麦标准（MG）的样品 14 份，未达标（—）样品 55 份。强筋小麦主要品质指标特性如图 2-1 所示。

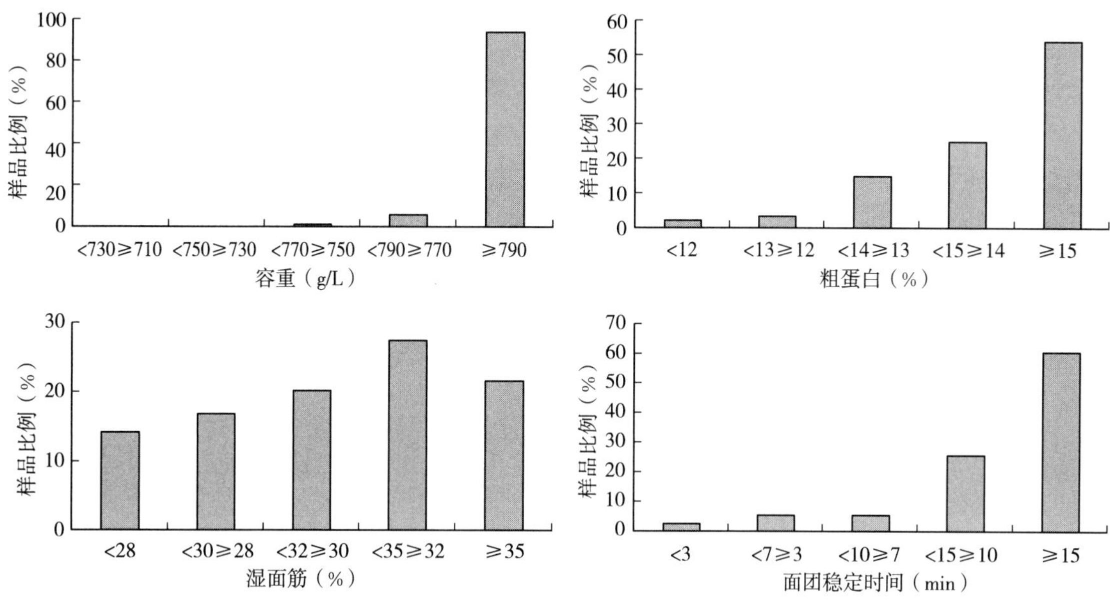


图 2-1 强筋小麦主要品质指标特性

## 2.2 样本质量

2020—2022 年中国强筋小麦样品品质分析统计如表 2-1 所示。

表 2-1 2020—2022 年中国强筋小麦样品品质分析统计

| 样品编号 | 200013 | 200079 | 200053 | 200085 | 200101 | 200138 | 210016 | 210128 |
|---|---|---|---|---|---|---|---|---|
| 品种名称 | 安 1302 | 安 1302 | 澳麦 | 澳麦 | 澳麦 | 澳麦 | 澳麦 | 澳麦 |
| 样品来源 | 河南滑县 | 山东泰安 | 河南滑县 | 山东泰安 | 安徽涡阳 | 河北柏乡 | 河南滑县 | 安徽涡阳 |
| 达标类型 | MS | Z2 | — | Z3/MS | Z2 | Z3/MS | Z3/MS | G2/Z2 |
| **籽粒** | | | | | | | | |
| 容重（g/L） | 863 | 815 | 848 | 795 | 817 | 815 | 811 | 797 |
| 水分（%） | 9.2 | 11.2 | 9.5 | 11.0 | 12.4 | 11.2 | 11.3 | 11.8 |
| 粗蛋白（%，干基） | 13.4 | 15.5 | 13.5 | 14.2 | 15.0 | 15.3 | 14.0 | 15.5 |
| 降落数值（s） | 446 | 439 | 387 | 360 | 428 | 381 | 439 | 358 |
| **面粉** | | | | | | | | |
| 出粉率（%） | 73.0 | 70.0 | 70.0 | 70.0 | 71.0 | 69.0 | 71.0 | 67.1 |
| 沉淀指数（mL） | 29.0 | 32.0 | 29.0 | 31.0 | 37.0 | 36.5 | 31.0 | 36.0 |
| 湿面筋（%，14%湿基） | 28.0 | 35.0 | 26.7 | 30.2 | 31.2 | 32.0 | 29.0 | 34.5 |
| 面筋指数 | 84 | 77 | 82 | 82 | 85 | 85 | 92 | 83 |
| **面团** | | | | | | | | |
| 吸水量（mL/100g） | 60.7 | 61.8 | 57.8 | 57.7 | 61.1 | 58.3 | 59.4 | 61.0 |
| 形成时间（min） | 4.5 | 6.0 | 5.8 | 6.5 | 12.2 | 6.7 | 6.7 | 6.5 |
| 稳定时间（min） | 8.5 | 15.6 | 12.7 | 10.0 | 24.1 | 11.2 | 9.7 | 12.0 |
| 拉伸面积（$cm^2$，135min） | 98 | 119 | 120 | 151 | 171 | 147 | 110 | 117 |
| 延伸性（mm） | 136 | 176 | 157 | 175 | 183 | 211 | 187 | 191 |
| 最大拉伸阻力（E.U） | 538 | 532 | 611 | 688 | 754 | 538 | 436 | 476 |
| **烘焙评价** | | | | | | | | |
| 面包体积（mL） | 730 | 730 | | | | | | 850 |
| 面包评分 | 67 | 67 | | | | | | 85 |
| **蒸煮评价** | | | | | | | | |
| 面条评分 | | | | | | | | |

（续）

| 样品编号 | 220340 | 200038 | 200060 | 200127 | 200152 | 200040 | 200078 | 200103 |
|---|---|---|---|---|---|---|---|---|
| 品种名称 | 澳麦 | 泛育麦 17 | 泛育麦 17 | 泛育麦 17 | 泛育麦 17 | 丰德存麦 21 | 丰德存麦 21 | 丰德存麦 21 |
| 样品来源 | 安徽涡阳 | 河南滑县 | 山东泰安 | 安徽涡阳 | 河北柏乡 | 河南滑县 | 山东泰安 | 安徽涡阳 |
| 达标类型 | MS | Z3/MS | G2/Z1 | G1/Z1 | Z3/MS | Z3/MS | Z2 | G1/Z2 |
| **籽粒** | | | | | | | | |
| 容重（g/L） | 826 | 842 | 799 | 809 | 820 | 856 | 814 | 833 |
| 水分（%） | 11.4 | 8.5 | 10.6 | 11.2 | 10.3 | 8.2 | 11.0 | 11.1 |
| 粗蛋白（%，干基） | 13.9 | 15.4 | 16.3 | 16.3 | 15.3 | 15.3 | 17.0 | 16.6 |
| 降落数值（s） | 362 | 331 | 390 | 418 | 399 | 381 | 374 | 421 |
| **面粉** | | | | | | | | |
| 出粉率（%） | 68.9 | 65.0 | 64.0 | 68.0 | 64.0 | 72.0 | 71.0 | 70.0 |
| 沉淀指数（mL） | | 41.0 | 45.0 | 44.0 | 42.5 | 38.0 | 32.0 | 36.0 |
| 湿面筋（%，14%湿基） | 28.5 | 29.6 | 32.3 | 39.4 | 29.7 | 30.8 | 39.3 | 35.9 |
| 面筋指数 | 95 | 94 | 91 | 88 | 98 | 96 | 71 | 85 |
| **面团** | | | | | | | | |
| 吸水量（mL/100g） | 61.4 | 61.1 | 59.2 | 60.6 | 58.5 | 61.4 | 62.0 | 64.8 |
| 形成时间（min） | 7.5 | 11.3 | 22.7 | 13.5 | 8.0 | 12.0 | 6.3 | 11.0 |
| 稳定时间（min） | 12.0 | 23.6 | 30.6 | 27.7 | 16.1 | 25.3 | 15.6 | 20.9 |
| 拉伸面积（$cm^2$，135min） | 124 | 160 | 185 | 166 | 130 | 164 | 111 | 134 |
| 延伸性（mm） | 155 | 160 | 167 | 220 | 167 | 171 | 164 | 157 |
| 最大拉伸阻力（E.U） | 607 | 797 | 863 | 757 | 586 | 825 | 517 | 652 |
| **烘焙评价** | | | | | | | | |
| 面包体积（mL） | | 830 | 850 | 885 | 830 | 850 | 780 | 850 |
| 面包评分 | | 89 | 89 | 90 | 86 | 87 | 79 | 89 |
| **蒸煮评价** | | | | | | | | |
| 面条评分 | | | | | | | | |

（续）

| 样品编号 | 200150 | 210021 | 210131 | 210152 | 220003 | 220004 | 220007 | 220008 |
|---|---|---|---|---|---|---|---|---|
| 品种名称 | 丰德存麦21 | 丰德存麦21 | 丰德存麦21 | 丰德存麦21 | 丰德存麦21 | 丰德存麦21 | 丰德存麦21 | 丰德存麦21 |
| 样品来源 | 河北柏乡 | 河南滑县 | 安徽涡阳 | 河北柏乡 | 河南宛城 | 河南沈丘 | 河南郾城 | 河南汝州 |
| 达标类型 | G2/Z2 | Z3/MS | G2/Z1 | MS | — | MS | — | G2/Z2 |
| **籽粒** | | | | | | | | |
| 容重（g/L） | 837 | 834 | 839 | 805 | 823 | 808 | 796 | 814 |
| 水分（%） | 10.1 | 10.7 | 11.5 | 12.1 | 11.2 | 10.7 | 10.4 | 9.4 |
| 粗蛋白（%，干基） | 16.0 | 13.7 | 15.3 | 13.3 | 12.6 | 14.1 | 14.2 | 15.4 |
| 降落数值（s） | 402 | 383 | 376 | 404 | 471 | 426 | 457 | 477 |
| **面粉** | | | | | | | | |
| 出粉率（%） | 71.0 | 71.3 | 72.5 | 69.8 | 69.4 | 70.5 | 67.8 | 68.6 |
| 沉淀指数（mL） | 35.0 | 36.0 | 41.0 | 36.0 | | | | |
| 湿面筋（%，14%湿基） | 33.3 | 29.2 | 33.9 | 28.9 | 24.4 | 28.8 | 26.9 | 32.4 |
| 面筋指数 | 85 | 98 | 95 | 96 | 100 | 99 | 97 | 97 |
| **面团** | | | | | | | | |
| 吸水量（mL/100g） | 59.7 | 59.9 | 61.6 | 59.2 | 57.4 | 56.7 | 57.4 | 59.0 |
| 形成时间（min） | 9.5 | 2.3 | 10.5 | 9.4 | 13.0 | 14.0 | 10.8 | 9.5 |
| 稳定时间（min） | 12.1 | 24.3 | 20.8 | 19.2 | 33.8 | 23.8 | 23.8 | 12.2 |
| 拉伸面积（$cm^2$，135min） | 131 | 142 | 154 | 156 | 130 | 136 | 119 | 154 |
| 延伸性（mm） | 168 | 163 | 184 | 157 | 137 | 147 | 145 | 184 |
| 最大拉伸阻力（E.U） | 627 | 676 | 633 | 763 | 757 | 708 | 625 | 657 |
| **烘焙评价** | | | | | | | | |
| 面包体积（mL） | 800 | | 840 | | | | | 850 |
| 面包评分 | 84 | | 84 | | | | | 88 |
| **蒸煮评价** | | | | | | | | |
| 面条评分 | | | | | | | | |

（续）

| 样品编号 | 220010 | 220013 | 220014 | 220018 | 220030 | 220044 | 220152 | 220154 |
|---|---|---|---|---|---|---|---|---|
| 品种名称 | 丰德存麦21 | 丰德存麦21 | 丰德存麦21 | 丰德存麦21 | 丰德存麦21 | 丰德存麦21 | 丰德存麦21 | 丰德存麦21 |
| 样品来源 | 河南孟州 | 河南滑县 | 河南南乐 | 河南商水 | 河南叶县 | 河南内黄 | 河南平舆 | 河南社旗 |
| 达标类型 | Z3/MS | — | Z2 | MS | — | Z2 | Z3/MS | — |
| **籽粒** | | | | | | | | |
| 容重（g/L） | 830 | 820 | 810 | 817 | 827 | 834 | 847 | 826 |
| 水分（%） | 9.6 | 10.5 | 11.7 | 9.8 | 10.6 | 10.6 | 9.8 | 10.8 |
| 粗蛋白（%，干基） | 14.0 | 14.1 | 15.4 | 13.5 | 12.4 | 13.9 | 13.4 | 12.6 |
| 降落数值（s） | 470 | 450 | 399 | 461 | 412 | 472 | 495 | 473 |
| **面粉** | | | | | | | | |
| 出粉率（%） | 69.8 | 70.0 | 70.3 | 68.5 | 68.5 | 69.7 | 72.5 | 69.8 |
| 沉淀指数（mL） | | | | | | | | |
| 湿面筋（%，14%湿基） | 30.8 | 27.1 | 31.8 | 28.9 | 26.3 | 31.1 | 30.5 | 25.9 |
| 面筋指数 | 98 | 99 | 98 | 96 | 99 | 97 | 96 | 99 |
| **面团** | | | | | | | | |
| 吸水量（mL/100g） | 58.7 | 59.7 | 60.0 | 62.5 | 63.0 | 62.0 | 63.9 | 61.1 |
| 形成时间（min） | 10.2 | 14.4 | 13.3 | 2.5 | 9.0 | 10.3 | 8.8 | 15.2 |
| 稳定时间（min） | 17.7 | 31.4 | 20.4 | 24.3 | 17.7 | 17.7 | 14.2 | 21.0 |
| 拉伸面积（$cm^2$，135min） | 131 | 156 | 171 | 143 | 98 | 122 | 127 | 155 |
| 延伸性（mm） | 155 | 162 | 160 | 160 | 137 | 176 | 155 | 153 |
| 最大拉伸阻力（E.U） | 644 | 754 | 831 | 688 | 537 | 560 | 626 | 785 |
| **烘焙评价** | | | | | | | | |
| 面包体积（mL） | 850 | | 850 | | | 850 | 850 | |
| 面包评分 | 88 | | 88 | | | 88 | 88 | |
| **蒸煮评价** | | | | | | | | |
| 面条评分 | | | | | | | | |

（续）

| 样品编号 | 220174 | 220252 | 220296 | 200019 | 200077 | 200104 | 200151 | 210029 |
|---|---|---|---|---|---|---|---|---|
| 品种名称 | 丰德存麦21 | 丰德存麦21 | 丰德存麦21 | 丰德存麦5号 | 丰德存麦5号 | 丰德存麦5号 | 丰德存麦5号 | 丰德存麦5号 |
| 样品来源 | 河南滑县 | 山东泰安 | 河北柏乡 | 河南滑县 | 山东泰安 | 安徽涡阳 | 河北柏乡 | 河南滑县 |
| 达标类型 | — | G1/Z1 | Z3/MS | Z3/MS | Z2 | G1/Z1 | Z3/MS | G2/Z3 |
| **籽粒** | | | | | | | | |
| 容重（g/L） | 838 | 812 | 820 | 850 | 800 | 831 | 832 | 823 |
| 水分（%） | 9.6 | 10.6 | 10.4 | 8.7 | 10.7 | 11.5 | 10.2 | 10.7 |
| 粗蛋白（%，干基） | 11.5 | 16.2 | 14.5 | 14.8 | 16.4 | 16.5 | 16.0 | 14.5 |
| 降落数值（s） | 438 | 435 | 408 | 433 | 458 | 424 | 388 | 446 |
| **面粉** | | | | | | | | |
| 出粉率（%） | 69.2 | 70.9 | 71.0 | 70.0 | 72.0 | 70.0 | 70.0 | 71.0 |
| 沉淀指数（mL） | | | | 37.0 | 33.0 | 38.0 | 37.0 | 33.0 |
| 湿面筋（%，14%湿基） | 23.1 | 36.4 | 30.9 | 30.6 | 37.5 | 36.1 | 34.6 | 32.4 |
| 面筋指数 | 99 | 97 | 99 | 88 | 76 | 85 | 79 | 87 |
| **面团** | | | | | | | | |
| 吸水量（mL/100g） | 62.4 | 65.3 | 61.7 | 64.2 | 62.9 | 64.9 | 60.6 | 63.2 |
| 形成时间（min） | 1.5 | 8.8 | 2.5 | 8.4 | 6.2 | 11.4 | 6.8 | 7.7 |
| 稳定时间（min） | 4.9 | 17.4 | 16.5 | 14.4 | 17.0 | 22.0 | 10.4 | 11.5 |
| 拉伸面积（$cm^2$，135min） | | 170 | 154 | 149 | 119 | 155 | 128 | 144 |
| 延伸性（mm） | | 189 | 170 | 172 | 152 | 188 | 170 | 171 |
| 最大拉伸阻力（E.U） | | 696 | 739 | 711 | 606 | 677 | 568 | 646 |
| **烘焙评价** | | | | | | | | |
| 面包体积（mL） | | 850 | 850 | 780 | 740 | 810 | 760 | 830 |
| 面包评分 | | 88 | 88 | 84 | 74 | 84 | 79 | 81 |
| **蒸煮评价** | | | | | | | | |
| 面条评分 | | | | | | | | |

（续）

| 样品编号 | 210126 | 210145 | 220009 | 220012 | 220022 | 220028 | 220051 | 220067 |
|---|---|---|---|---|---|---|---|---|
| 品种名称 | 丰德存麦5号 | 丰德存麦5号 | 丰德存麦5号 | 丰德存麦5号 | 丰德存麦5号 | 丰德存麦5号 | 丰德存麦5号 | 丰德存麦5号 |
| 样品来源 | 安徽涡阳 | 河北柏乡 | 河南孟州 | 河南滑县 | 河南襄城 | 河南西华 | 河南上蔡 | 河南郾城 |
| 达标类型 | G2/Z2 | Z3/MS | — | MS | Z3/MS | Z3/MS | Z3/MS | Z3/MS |
| **籽粒** | | | | | | | | |
| 容重（g/L） | 830 | 818 | 821 | 834 | 838 | 824 | 839 | 843 |
| 水分（%） | 11.8 | 12.7 | 10.3 | 10.7 | 10.2 | 10.2 | 9.7 | 10.0 |
| 粗蛋白（%，干基） | 15.0 | 13.6 | 13.4 | 13.3 | 14.3 | 13.6 | 13.3 | 13.6 |
| 降落数值（s） | 401 | 392 | 457 | 449 | 477 | 452 | 506 | 408 |
| **面粉** | | | | | | | | |
| 出粉率（%） | 69.4 | 70.3 | 68.5 | 68.5 | 69.1 | 69.1 | 68.3 | 71.9 |
| 沉淀指数（mL） | 37.0 | 34.0 | | | | | | |
| 湿面筋（%，14%湿基） | 33.1 | 29.6 | 27.5 | 28.7 | 31.8 | 30.3 | 29.7 | 30.5 |
| 面筋指数 | 93 | 96 | 99 | 99 | 85 | 92 | 98 | 95 |
| **面团** | | | | | | | | |
| 吸水量（mL/100g） | 63.4 | 60.1 | 59.4 | 60.3 | 64.2 | 63.6 | 68.5 | 59.3 |
| 形成时间（min） | 6.9 | 9.8 | 8.8 | 10.8 | 8.3 | 9.7 | 6.5 | 8.5 |
| 稳定时间（min） | 14.9 | 13.9 | 18.7 | 24.5 | 10.7 | 14.8 | 13.5 | 17.0 |
| 拉伸面积（$cm^2$，135min） | 152 | 150 | 142 | 129 | 123 | 137 | 116 | 148 |
| 延伸性（mm） | 158 | 151 | 139 | 144 | 175 | 153 | 139 | 161 |
| 最大拉伸阻力（E.U） | 756 | 756 | 789 | 686 | 531 | 670 | 652 | 716 |
| **烘焙评价** | | | | | | | | |
| 面包体积（mL） | 830 | | | | 850 | 850 | 850 | 850 |
| 面包评分 | 81 | | | | 87 | 87 | 87 | 87 |
| **蒸煮评价** | | | | | | | | |
| 面条评分 | | | | | | | | |

（续）

| 样品编号 | 220155 | 220156 | 220204 | 220251 | 200159 | 220034 | 220052 | 220053 |
|---|---|---|---|---|---|---|---|---|
| 品种名称 | 丰德存麦5号 | 丰德存麦5号 | 丰德存麦5号 | 丰德存麦5号 | 福穗3号 | 福穗3号 | 福穗3号 | 福穗3号 |
| 样品来源 | 河南汝州 | 河南郸城 | 河南滑县 | 山东泰安 | 河北柏乡 | 河南开封 | 河南焦作 | 河南舞钢 |
| 达标类型 | MS | Z3 | — | G2/Z2 | G1/Z2 | MS | Z2 | Z3/MS |
| **籽粒** | | | | | | | | |
| 容重（g/L） | 831 | 828 | 844 | 815 | 830 | 816 | 816 | 818 |
| 水分（%） | 9.1 | 10.6 | 10.0 | 9.7 | 10.3 | 11.1 | 10.7 | 11.0 |
| 粗蛋白（%，干基） | 13.4 | 12.9 | 11.6 | 14.4 | 17.3 | 13.5 | 14.6 | 13.9 |
| 降落数值（s） | 455 | 417 | 431 | 378 | 388 | 428 | 441 | 423 |
| **面粉** | | | | | | | | |
| 出粉率（%） | 70.0 | 63.9 | 70.6 | 68.8 | 70.0 | 65.8 | 67.5 | 64.7 |
| 沉淀指数（mL） | | | | | 40.0 | | | |
| 湿面筋（%，14%湿基） | 28.7 | 29.2 | 24.4 | 34.2 | 37.0 | 28.6 | 31.7 | 30.0 |
| 面筋指数 | 98 | 93 | 99 | 94 | 87 | 94 | 95 | 97 |
| **面团** | | | | | | | | |
| 吸水量（mL/100g） | 63.9 | 62.4 | 60.6 | 65.4 | 62.9 | 63.2 | 64.6 | 67.3 |
| 形成时间（min） | 9.0 | 8.3 | 1.8 | 9.7 | 8.8 | 2.7 | 8.5 | 16.5 |
| 稳定时间（min） | 15.0 | 17.1 | 14.8 | 20.8 | 13.9 | 18.6 | 22.9 | 22.9 |
| 拉伸面积（$cm^2$，135min） | 150 | 111 | 126 | 121 | 139 | 121 | 112 | 144 |
| 延伸性（mm） | 165 | 144 | 124 | 127 | 193 | 148 | 149 | 148 |
| 最大拉伸阻力（E.U） | 707 | 593 | 791 | 752 | 535 | 648 | 566 | 774 |
| **烘焙评价** | | | | | | | | |
| 面包体积（mL） | | | | 850 | 880 | 760 | 760 | 760 |
| 面包评分 | | | | 87 | 92 | 78 | 78 | 78 |
| **蒸煮评价** | | | | | | | | |
| 面条评分 | | | | | | | | |

（续）

| 样品编号 | 220153 | 200011 | 220195 | 220237 | 220318 | 200035 | 200076 | 200116 |
|---|---|---|---|---|---|---|---|---|
| 品种名称 | 福穗 3 号 | 富麦 916 | 富麦 916 | 富麦 916 | 富麦 916 | 藁优 2018 | 藁优 2018 | 藁优 2018 |
| 样品来源 | 河南汝南 | 河南滑县 | 河南滑县 | 山东泰安 | 河北柏乡 | 河南滑县 | 山东泰安 | 安徽涡阳 |
| 达标类型 | Z3/MS | Z1 | G2/Z1 | G1/Z1 | G2/Z2 | Z3/MS | Z2 | G1 |
| 籽粒 | | | | | | | | |
| 容重（g/L） | 826 | 836 | 831 | 783 | 816 | 854 | 827 | 816 |
| 水分（%） | 10.6 | 8.7 | 11.5 | 9.8 | 10.2 | 8.3 | 11.0 | 11.2 |
| 粗蛋白（%，干基） | 14.1 | 15.7 | 15.2 | 16.9 | 15.0 | 16.7 | 17.1 | 18.9 |
| 降落数值（s） | 429 | 429 | 488 | 365 | 384 | 459 | 406 | 516 |
| 面粉 | | | | | | | | |
| 出粉率（%） | 63.0 | 69.0 | 70.1 | 66.9 | 68.4 | 70.0 | 70.0 | 67.0 |
| 沉淀指数（mL） | | 39.0 | | | | 40.0 | 38.0 | 38.0 |
| 湿面筋（%，14%湿基） | 29.9 | 32.2 | 32.2 | 38.7 | 33.8 | 34.8 | 38.5 | 42.9 |
| 面筋指数 | 98 | 93 | 97 | 96 | 97 | 82 | 82 | 76 |
| 面团 | | | | | | | | |
| 吸水量（mL/100g） | 64.1 | 61.4 | 64.6 | 64.4 | 63.6 | 60.9 | 60.3 | 65.7 |
| 形成时间（min） | 10.8 | 19.2 | 16.3 | 16.5 | 7.8 | 5.2 | 7.2 | 6.8 |
| 稳定时间（min） | 23.4 | 24.0 | 24.9 | 20.0 | 14.9 | 11.1 | 19.0 | 17.5 |
| 拉伸面积（$cm^2$，135min） | 140 | 149 | 149 | 189 | 127 | 139 | 137 | 120 |
| 延伸性（mm） | 162 | 187 | 164 | 210 | 180 | 170 | 169 | 155 |
| 最大拉伸阻力（E. U） | 647 | 669 | 717 | 755 | 531 | 656 | 631 | 583 |
| 烘焙评价 | | | | | | | | |
| 面包体积（mL） | 760 | 800 | 800 | 800 | 800 | 750 | 750 | 810 |
| 面包评分 | 78 | 79 | 83 | 83 | 83 | 76 | 73 | 80 |
| 蒸煮评价 | | | | | | | | |
| 面条评分 | | | | | | | | |

（续）

| 样品编号 | 200161 | 210022 | 210094 | 210134 | 220016 | 220075 | 220082 | 220083 |
|---|---|---|---|---|---|---|---|---|
| 品种名称 | 藁优 2018 | 藁优 2018 | 藁优 2018 | 藁优 2018 | 藁优 2018 | 藁优 2018 | 藁优 2018 | 藁优 2018 |
| 样品来源 | 河北柏乡 | 河南滑县 | 安徽涡阳 | 河北柏乡 | 河北永年 | 河北临城 | 河北无极 | 河北藁城 |
| 达标类型 | Z3/MS | MS | Z1 | Z3/MS | Z3/MS | Z3/MS | Z3/MS | Z2 |
| **籽粒** | | | | | | | | |
| 容重（g/L） | 854 | 835 | 854 | 823 | 827 | 812 | 812 | 806 |
| 水分（%） | 10.4 | 10.9 | 11.1 | 13.0 | 10.8 | 10.5 | 10.2 | 10.2 |
| 粗蛋白（%，干基） | 15.5 | 14.8 | 15.8 | 13.7 | 15.5 | 14.4 | 14.5 | 14.7 |
| 降落数值（s） | 396 | 504 | 446 | 440 | 446 | 495 | 498 | 509 |
| **面粉** | | | | | | | | |
| 出粉率（%） | 70.0 | 70.5 | 70.0 | 71.4 | 69.9 | 68.9 | 69.9 | 68.9 |
| 沉淀指数（mL） | 34.0 | 38.0 | 36.0 | 32.0 | | | | |
| 湿面筋（%，14%湿基） | 34.2 | 34.2 | 36.1 | 31.1 | 33.4 | 32.5 | 30.9 | 31.9 |
| 面筋指数 | 84 | 94 | 90 | 90 | 88 | 87 | 96 | 90 |
| **面团** | | | | | | | | |
| 吸水量（mL/100g） | 59.4 | 60.7 | 60.5 | 58.6 | 61.7 | 59.0 | 64.4 | 58.1 |
| 形成时间（min） | 5.5 | 3.7 | 9.4 | 5.0 | 5.5 | 5.9 | 2.3 | 6.7 |
| 稳定时间（min） | 10.5 | 14.6 | 17.4 | 12.0 | 11.7 | 11.9 | 8.6 | 14.1 |
| 拉伸面积（$cm^2$，135min） | 117 | 128 | 141 | 103 | 106 | 111 | 118 | 115 |
| 延伸性（mm） | 156 | 181 | 156 | 155 | 167 | 147 | 173 | 148 |
| 最大拉伸阻力（E.U） | 558 | 562 | 703 | 536 | 490 | 556 | 614 | 578 |
| **烘焙评价** | | | | | | | | |
| 面包体积（mL） | 750 | 810 | 810 | 810 | 790 | 790 | | 790 |
| 面包评分 | 71 | 79 | 79 | 79 | 74 | 74 | | 74 |
| **蒸煮评价** | | | | | | | | |
| 面条评分 | | | | | | | | |

（续）

| 样品编号 | 220085 | 220196 | 220260 | 220308 | 200028 | 200070 | 200117 | 200162 |
|---|---|---|---|---|---|---|---|---|
| 品种名称 | 藁优 2018 | 藁优 2018 | 藁优 2018 | 藁优 2018 | 藁优 5218 | 藁优 5218 | 藁优 5218 | 藁优 5218 |
| 样品来源 | 河北赵县 | 河南滑县 | 山东泰安 | 河北柏乡 | 河南滑县 | 山东泰安 | 安徽涡阳 | 河北柏乡 |
| 达标类型 | Z2 | Z3/MS | MS | MS | Z3/MS | Z2 | G1/Z2 | Z2 |
| **籽粒** | | | | | | | | |
| 容重（g/L） | 809 | 854 | 831 | 828 | 852 | 807 | 821 | 846 |
| 水分（%） | 10.1 | 9.9 | 11.2 | 10.7 | 8.4 | 11.1 | 11.5 | 10.0 |
| 粗蛋白（%，干基） | 14.2 | 13.4 | 14.9 | 14.2 | 15.0 | 17.9 | 17.1 | 17.5 |
| 降落数值（s） | 492 | 457 | 359 | 382 | 419 | 368 | 451 | 383 |
| **面粉** | | | | | | | | |
| 出粉率（%） | 67.5 | 71.0 | 69.9 | 67.9 | 70.0 | 67.0 | 67.0 | 69.0 |
| 沉淀指数（mL） | | | | | 33.0 | 31.0 | 30.0 | 33.0 |
| 湿面筋（%，14%湿基） | 31.7 | 29.2 | 32.4 | 32.6 | 30.3 | 41.2 | 38.6 | 39.0 |
| 面筋指数 | 88 | 92 | 97 | 97 | 94 | 73 | 80 | 77 |
| **面团** | | | | | | | | |
| 吸水量（mL/100g） | 57.6 | 60.2 | 62.2 | 63.4 | 62.0 | 67.4 | 67.3 | 64.4 |
| 形成时间（min） | 3.0 | 2.4 | 5.0 | 3.5 | 7.8 | 19.7 | 8.7 | 8.7 |
| 稳定时间（min） | 14.2 | 10.6 | 9.2 | 8.4 | 25.9 | 18.4 | 17.5 | 12.8 |
| 拉伸面积（$cm^2$，135min） | 126 | 95 | | | 141 | 118 | 123 | 118 |
| 延伸性（mm） | 162 | 130 | | | 148 | 160 | 167 | 219 |
| 最大拉伸阻力（E.U） | 601 | 545 | | | 744 | 563 | 559 | 487 |
| **烘焙评价** | | | | | | | | |
| 面包体积（mL） | 790 | | | | 750 | 770 | 800 | 750 |
| 面包评分 | 74 | | | | 79 | 78 | 81 | 76 |
| **蒸煮评价** | | | | | | | | |
| 面条评分 | | | | | | | | |

（续）

| 样品编号 | 210132 | 220173 | 220180 | 220243 | 220286 | 200033 | 200068 | 200118 |
|---|---|---|---|---|---|---|---|---|
| 品种名称 | 藁优 5218 | 藁优 5218 | 藁优 5218 | 藁优 5218 | 藁优 5218 | 藁优 5766 | 藁优 5766 | 藁优 5766 |
| 样品来源 | 河北柏乡 | 河南滑县 | 河南滑县 | 山东泰安 | 河北柏乡 | 河南滑县 | 山东泰安 | 安徽涡阳 |
| 达标类型 | Z3/MS | — | Z3/MS | Z2 | MS | MS | Z2 | Z2 |
| **籽粒** | | | | | | | | |
| 容重（g/L） | 819 | 848 | 846 | 834 | 818 | 859 | 810 | 833 |
| 水分（%） | 12.4 | 9.7 | 10.2 | 9.9 | 10.5 | 8.6 | 10.8 | 11.4 |
| 粗蛋白（%，干基） | 14.2 | 11.6 | 13.6 | 14.6 | 14.2 | 15.4 | 17.9 | 16.9 |
| 降落数值（s） | 400 | 464 | 352 | 347 | 370 | 418 | 423 | 478 |
| **面粉** | | | | | | | | |
| 出粉率（%） | 70.2 | 66.6 | 67.9 | 67.0 | 68.5 | 68.0 | 69.0 | 67.0 |
| 沉淀指数（mL） | 31 | | | | | 31.5 | 31.0 | 37.5 |
| 湿面筋（%，14%湿基） | 30.7 | 23.2 | 29.2 | 32.8 | 32.8 | 28.9 | 38.9 | 34.2 |
| 面筋指数 | 94 | 99 | 91 | 98 | 88 | 94 | 81 | 93 |
| **面团** | | | | | | | | |
| 吸水量（mL/100g） | 61.7 | 68.7 | 69.0 | 65.5 | 63.7 | 62.6 | 66.9 | 67.4 |
| 形成时间（min） | 8.2 | 1.7 | 2.5 | 5.8 | 5.0 | 2.5 | 9.8 | 9.2 |
| 稳定时间（min） | 17.6 | 2.3 | 12.4 | 13.5 | 7.1 | 30.0 | 21.4 | 32.7 |
| 拉伸面积（$cm^2$，135min） | 150 | | 105 | 131 | | 137 | 124 | 136 |
| 延伸性（mm） | 178 | | 161 | 163 | | 138 | 148 | 169 |
| 最大拉伸阻力（E.U） | 687 | | 541 | 622 | | 746 | 639 | 619 |
| **烘焙评价** | | | | | | | | |
| 面包体积（mL） | 760 | | 780 | 780 | | 780 | 780 | 780 |
| 面包评分 | 72 | | 76 | 76 | | 79 | 79 | 78 |
| **蒸煮评价** | | | | | | | | |
| 面条评分 | | | | | | | | |

（续）

| 样品编号 | 200163 | 210019 | 210091 | 210136 | 220072 | 220079 | 220081 | 220084 |
|---|---|---|---|---|---|---|---|---|
| 品种名称 | 藁优 5766 | 藁优 5766 | 藁优 5766 | 藁优 5766 | 藁优 5766 | 藁优 5766 | 藁优 5766 | 藁优 5766 |
| 样品来源 | 河北柏乡 | 河南滑县 | 安徽涡阳 | 河北柏乡 | 河北晋州 | 河北元氏 | 河北栾城 | 河北赵县 |
| 达标类型 | Z2 | MS | Z2 | Z3/MS | Z3/MS | MG | MG | Z3/MS |
| **籽粒** | | | | | | | | |
| 容重（g/L） | 837 | 831 | 844 | 819 | 821 | 821 | 820 | 820 |
| 水分（%） | 10.3 | 11.0 | 11.2 | 11.9 | 10.6 | 10.0 | 10.0 | 9.7 |
| 粗蛋白（%，干基） | 17.4 | 14.7 | 15.3 | 14.4 | 14.5 | 14.8 | 15.0 | 14.6 |
| 降落数值（s） | 450 | 459 | 408 | 423 | 452 | 442 | 469 | 444 |
| **面粉** | | | | | | | | |
| 出粉率（%） | 68.0 | 68.2 | 67.8 | 70.7 | 68.2 | 64.1 | 68.3 | 64.4 |
| 沉淀指数（mL） | 37.0 | 34.0 | 32.0 | 34.0 | | | | |
| 湿面筋（%，14%湿基） | 35.7 | 28.7 | 31.7 | 30.1 | 30.0 | 29.7 | 28.9 | 29.0 |
| 面筋指数 | 85 | 100 | 97 | 98 | 97 | 95 | 96 | 96 |
| **面团** | | | | | | | | |
| 吸水量（mL/100g） | 64.1 | 64.8 | 65.2 | 61.6 | 65.5 | 74.1 | 72.1 | 63.5 |
| 形成时间（min） | 10.0 | 2.5 | 3.2 | 10.0 | 2.2 | 2.3 | 2.7 | 2.0 |
| 稳定时间（min） | 27.3 | 18.2 | 22.1 | 28.3 | 17.6 | 2.5 | 3.0 | 16.5 |
| 拉伸面积（$cm^2$，135min） | 136 | 153 | 162 | 113 | 113 | | | 134 |
| 延伸性（mm） | 157 | 156 | 158 | 146 | 142 | | | 163 |
| 最大拉伸阻力（E.U） | 655 | 763 | 796 | 575 | 621 | | | 704 |
| **烘焙评价** | | | | | | | | |
| 面包体积（mL） | 740 | | 820 | 820 | 750 | | | 750 |
| 面包评分 | 75 | | 84 | 84 | 76 | | | 76 |
| **蒸煮评价** | | | | | | | | |
| 面条评分 | | | | | | | | 86 |

（续）

| 样品编号 | 220207 | 220253 | 220293 | 220327 | 220333 | 210015 | 210099 | 210100 |
|---|---|---|---|---|---|---|---|---|
| 品种名称 | 藁优 5766 | 藁优 5766 | 藁优 5766 | 藁优 5766 | 谷神 188 | 谷神麦 19 | 谷神麦 19 | 谷神麦 19 |
| 样品来源 | 河南滑县 | 山东泰安 | 河北柏乡 | 安徽涡阳 | 安徽涡阳 | 河南滑县 | 安徽五河 | 安徽五河 |
| 达标类型 | — | Z3/MS | Z3/MS | Z2 | MS | — | — | G2/Z3 |
| **籽粒** | | | | | | | | |
| 容重（g/L） | 847 | 832 | 828 | 828 | 836 | 763 | 758 | 777 |
| 水分（%） | 10.2 | 10.5 | 10.9 | 10.8 | 10.2 | 11.1 | 11.1 | 11.3 |
| 粗蛋白（%，干基） | 12.6 | 14.8 | 14.7 | 15.9 | 14.8 | 15.5 | 17.0 | 15.1 |
| 降落数值（s） | 432 | 393 | 389 | 456 | 460 | 465 | 487 | 455 |
| **面粉** | | | | | | | | |
| 出粉率（%） | 69.6 | 70.1 | 68.5 | 68.6 | 67.0 | 68.6 | 64.6 | 69.0 |
| 沉淀指数（mL） | | | | | | 44.0 | 66.0 | 32.0 |
| 湿面筋（%，14%湿基） | 24.3 | 30.1 | 31.4 | 32.4 | 28.2 | 31.8 | 38.4 | 34.6 |
| 面筋指数 | 99 | 99 | 96 | 96 | 99 | 99 | 95 | 73 |
| **面团** | | | | | | | | |
| 吸水量（mL/100g） | 68.5 | 68.1 | 67.2 | 67.4 | 62.8 | 67.9 | 68.4 | 62.5 |
| 形成时间（min） | 1.7 | 2.7 | 2.0 | 2.7 | 2.9 | 3.5 | 10.5 | 6.5 |
| 稳定时间（min） | 3.4 | 12.0 | 10.9 | 21.4 | 16.8 | 32.6 | 23.3 | 11.4 |
| 拉伸面积（$cm^2$，135min） | | 126 | 108 | 129 | 170 | 192 | 187 | 107 |
| 延伸性（mm） | | 143 | 150 | 148 | 151 | 194 | 222 | 162 |
| 最大拉伸阻力（E.U） | | 682 | 545 | 671 | 850 | 728 | 685 | 491 |
| **烘焙评价** | | | | | | | | |
| 面包体积（mL） | | 750 | 750 | 750 | | 900 | 900 | 900 |
| 面包评分 | | 76 | 76 | 76 | | 93 | 93 | 93 |
| **蒸煮评价** | | | | | | | | |
| 面条评分 | | 86 | 86 | | | | | |

（续）

| 样品编号 | 210104 | 210105 | 210106 | 210107 | 210108 | 210109 | 210110 | 210111 |
|---|---|---|---|---|---|---|---|---|
| 品种名称 | 谷神麦 19 | 谷神麦 19 | 谷神麦 19 | 谷神麦 19 | 谷神麦 19 | 谷神麦 19 | 谷神麦 19 | 谷神麦 19 |
| 样品来源 | 山东成武 | 江苏响水 | 安徽谯城 | 安徽阜阳 | 河南焦作 | 安徽颍上 | 安徽濉溪 | 安徽利辛 |
| 达标类型 | Z3/MS | G1/Z1 | G1 | G2/Z1 | G2 | G1 | G1/Z1 | G1/Z1 |
| **籽粒** | | | | | | | | |
| 容重（g/L） | 813 | 805 | 801 | 818 | 810 | 775 | 816 | 832 |
| 水分（%） | 12.1 | 10.7 | 11.1 | 10.6 | 10.2 | 11.8 | 10.8 | 9.8 |
| 粗蛋白（%，干基） | 15.3 | 16.2 | 16.9 | 16.3 | 15.9 | 18.0 | 16.5 | 16.3 |
| 降落数值（s） | 487 | 462 | 553 | 489 | 511 | 530 | 474 | 439 |
| **面粉** | | | | | | | | |
| 出粉率（%） | 69.4 | 68.5 | 67.2 | 66.8 | 66.8 | 65.3 | 67.4 | 72.3 |
| 沉淀指数（mL） | 36.0 | 44.0 | 62.0 | 48.0 | 55.0 | 65.0 | 54.0 | 39.0 |
| 湿面筋（%，14%湿基） | 36.4 | 37.1 | 37.4 | 34.8 | 34.3 | 41.3 | 36.7 | 36.2 |
| 面筋指数 | 66 | 91 | 94 | 94 | 93 | 92 | 95 | 88 |
| **面团** | | | | | | | | |
| 吸水量（mL/100g） | 68.3 | 70.3 | 70.4 | 69.0 | 69.5 | 72.0 | 71.3 | 61.4 |
| 形成时间（min） | 6.7 | 23.4 | 9.2 | 3.7 | 12.0 | 6.0 | 24.7 | 8.2 |
| 稳定时间（min） | 8.1 | 23.0 | 28.3 | 26.2 | 22.9 | 22.5 | 28.2 | 21.1 |
| 拉伸面积（$cm^2$，135min） | 96 | 178 | 196 | 177 | 171 | 206 | 187 | 150 |
| 延伸性（mm） | 182 | 203 | 218 | 196 | 191 | 247 | 188 | 161 |
| 最大拉伸阻力（E.U） | 386 | 664 | 672 | 722 | 669 | 651 | 744 | 709 |
| **烘焙评价** | | | | | | | | |
| 面包体积（mL） | | 900 | 900 | 900 | 900 | 900 | 900 | 900 |
| 面包评分 | | 93 | 93 | 93 | 93 | 93 | 93 | 93 |
| **蒸煮评价** | | | | | | | | |
| 面条评分 | | | | | | | | |

（续）

| 样品编号 | 210112 | 210113 | 210122 | 210157 | 220197 | 220249 | 220317 | 220415 |
|---|---|---|---|---|---|---|---|---|
| 品种名称 | 谷神麦 19 | 谷神麦 19 | 谷神麦 19 | 谷神麦 19 | 谷神麦 19 | 谷神麦 19 | 谷神麦 19 | 谷神麦 19 |
| 样品来源 | 河南孟州 | 安徽蒙城 | 安徽涡阳 | 河北柏乡 | 河南滑县 | 山东泰安 | 河北柏乡 | 安徽涡阳 |
| 达标类型 | G2/Z1 | G1 | G2/Z1 | Z3/MS | G2/Z1 | MS | G2/Z3 | G1/Z1 |
| **籽粒** | | | | | | | | |
| 容重（g/L） | 801 | 799 | 814 | 804 | 826 | 815 | 804 | 819 |
| 水分（%） | 12.3 | 10.9 | 11.6 | 12.5 | 9.8 | 10.2 | 10.2 | 10.1 |
| 粗蛋白（%，干基） | 14.9 | 17.1 | 16.2 | 14.0 | 14.4 | 14.0 | 14.8 | 15.7 |
| 降落数值（s） | 425 | 517 | 490 | 443 | 408 | 396 | 433 | 415 |
| **面粉** | | | | | | | | |
| 出粉率（%） | 66.6 | 65.2 | 67.3 | 69.9 | 67.8 | 69.1 | 67.2 | 69.6 |
| 沉淀指数（mL） | 43.0 | 60.0 | 60.0 | 40.0 | | | | |
| 湿面筋（%，14%湿基） | 32.4 | 38.2 | 34.7 | 30.1 | 32.1 | 32.4 | 33.0 | 35.0 |
| 面筋指数 | 90 | 90 | 97 | 97 | 98 | 81 | 100 | 99 |
| **面团** | | | | | | | | |
| 吸水量（mL/100g） | 70.5 | 71.1 | 69.9 | 67.2 | 75.6 | 69.2 | 72.4 | 69.8 |
| 形成时间（min） | 21.7 | 9.8 | 9.3 | 11.5 | 2.9 | 4.7 | 7.2 | 8.5 |
| 稳定时间（min） | 20.0 | 21.5 | 25.3 | 23.2 | 30.3 | 6.6 | 11.2 | 33.4 |
| 拉伸面积（$cm^2$，135min） | 169 | 168 | 196 | 149 | 145 | | 139 | 174 |
| 延伸性（mm） | 207 | 233 | 195 | 180 | 178 | | 196 | 189 |
| 最大拉伸阻力（E.U） | 686 | 592 | 764 | 643 | 624 | | 574 | 673 |
| **烘焙评价** | | | | | | | | |
| 面包体积（mL） | 900 | 900 | 900 | 900 | 820 | | 820 | 820 |
| 面包评分 | 93 | 93 | 93 | 93 | 85 | | 85 | 85 |
| **蒸煮评价** | | | | | | | | |
| 面条评分 | | | | | | | | |

（续）

| 样品编号 | 200034 | 200114 | 200023 | 220043 | 220045 | 220402 | 220403 | 220404 |
|---|---|---|---|---|---|---|---|---|
| 品种名称 | 谷神麦 20 | 谷神麦 21 | 华伟 305 | 华伟 305 | 华伟 305 | 华伟 305 | 华伟 305 | 华伟 305 |
| 样品来源 | 河南滑县 | 安徽涡阳 | 河南滑县 | 河南西平 | 河南封丘 | 河南原阳 | 河南虞城 | 河南惠济 |
| 达标类型 | G1/Z1 | G1/Z1 | — | Z2 | — | — | G1/Z2 | G2/Z1 |
| **籽粒** | | | | | | | | |
| 容重（g/L） | 831 | 803 | 867 | 855 | 838 | 854 | 843 | 860 |
| 水分（%） | 8.6 | 11.8 | 9.0 | 9.3 | 10.0 | 9.4 | 9.6 | 10.0 |
| 粗蛋白（%，干基） | 16.7 | 16.6 | 13.2 | 13.6 | 12.5 | 13.9 | 15.4 | 14.5 |
| 降落数值（s） | 496 | 489 | 410 | 408 | 424 | 286 | 408 | 404 |
| **面粉** | | | | | | | | |
| 出粉率（%） | 68.0 | 67.0 | 71.0 | 72.2 | 69.4 | 71.4 | 73.6 | 71.9 |
| 沉淀指数（mL） | 57.5 | 59.0 | 31.0 | | | | | |
| 湿面筋（%，14%湿基） | 35.1 | 36.0 | 27.3 | 31.4 | 27.8 | 30.9 | 37.5 | 32.1 |
| 面筋指数 | 88 | 90 | 82 | 94 | 96 | 96 | 89 | 97 |
| **面团** | | | | | | | | |
| 吸水量（mL/100g） | 68.5 | 71.0 | 62.3 | 67.4 | 64.5 | 62.7 | 62.8 | 61.4 |
| 形成时间（min） | 22.8 | 23.7 | 6.8 | 9.8 | 2.0 | 17.5 | 8.2 | 23.8 |
| 稳定时间（min） | 31.6 | 24.0 | 15.4 | 22.8 | 11.8 | 20.9 | 15.0 | 27.5 |
| 拉伸面积（$cm^2$，135min） | 171 | 158 | 106 | 140 | 114 | 129 | 150 | 144 |
| 延伸性（mm） | 192 | 194 | 151 | 162 | 148 | 146 | 163 | 163 |
| 最大拉伸阻力（E.U） | 717 | 668 | 546 | 661 | 622 | 692 | 738 | 727 |
| **烘焙评价** | | | | | | | | |
| 面包体积（mL） | 900 | 900 | | 800 | | 800 | 800 | 800 |
| 面包评分 | 93 | 91 | | 84 | | 84 | 84 | 84 |
| **蒸煮评价** | | | | | | | | |
| 面条评分 | | | | 89 | | 89 | 89 | 89 |

（续）

| 样品编号 | 220529 | 220206 | 220360 | 220185 | 220245 | 220305 | 220329 | 220231 |
|---|---|---|---|---|---|---|---|---|
| 品种名称 | 华伟 305 | 淮麦 66 | 淮麦 66 | 济麦 0435 | 济麦 0435 | 济麦 0435 | 济麦 0435 | 济麦 1403 |
| 样品来源 | 河南封丘 | 河南滑县 | 安徽涡阳 | 河南滑县 | 山东泰安 | 河北柏乡 | 安徽涡阳 | 山东泰安 |
| 达标类型 | Z3/MS | MS | Z2 | MG | Z2 | Z3/MS | MS | Z2 |
| **籽粒** | | | | | | | | |
| 容重（g/L） | 852 | 858 | 855 | 847 | 800 | 818 | 812 | 794 |
| 水分（%） | 10.6 | 10.4 | 10.4 | 10.0 | 10.0 | 10.6 | 11.5 | 10.4 |
| 粗蛋白（%，干基） | 13.2 | 13.6 | 14.3 | 12.6 | 15.2 | 14.5 | 14.4 | 16.5 |
| 降落数值（s） | 396 | 453 | 369 | 445 | 313 | 421 | 408 | 317 |
| **面粉** | | | | | | | | |
| 出粉率（%） | 71.7 | 70.6 | 69.8 | 70.1 | 67.7 | 69.1 | 66.8 | 68.2 |
| 沉淀指数（mL） | | | | | | | | |
| 湿面筋（%，14%湿基） | 29.9 | 31.7 | 31.2 | 27.1 | 33.8 | 32.2 | 28.7 | 35.9 |
| 面筋指数 | 94 | 80 | 96 | 98 | 89 | 97 | 100 | 92 |
| **面团** | | | | | | | | |
| 吸水量（mL/100g） | 68.0 | 64.2 | 60.0 | 63.2 | 62.1 | 62.9 | 60.4 | 67.5 |
| 形成时间（min） | 1.9 | 7.3 | 7.7 | 1.7 | 7.5 | 3.9 | 18.7 | 7.9 |
| 稳定时间（min） | 20.2 | 10.0 | 14.4 | 6.6 | 14.2 | 10.3 | 24.6 | 13.4 |
| 拉伸面积（$cm^2$，135min） | 113 | 73 | 117 | | 116 | 133 | 137 | 148 |
| 延伸性（mm） | 148 | 144 | 141 | | 153 | 150 | 127 | 187 |
| 最大拉伸阻力（E.U） | 595 | 350 | 627 | | 598 | 691 | 851 | 587 |
| **烘焙评价** | | | | | | | | |
| 面包体积（mL） | | | | | | | | |
| 面包评分 | | | | | | | | |
| **蒸煮评价** | | | | | | | | |
| 面条评分 | 89 | | 85 | | | | | |

（续）

| 样品编号 | 200069 | 210180 | 210186 | 220199 | 220238 | 220294 | 220341 | 200002 |
|---|---|---|---|---|---|---|---|---|
| 品种名称 | 济麦 229 | 济麦 229 | 济麦 229 | 济麦 229 | 济麦 229 | 济麦 229 | 济麦 229 | 济麦 44 |
| 样品来源 | 山东泰安 | 山东济南 | 山东德州 | 河南滑县 | 山东泰安 | 河北柏乡 | 安徽涡阳 | 河南滑县 |
| 达标类型 | G1/Z1 | — | — | — | — | — | — | — |
| **籽粒** | | | | | | | | |
| 容重（g/L） | 804 | 794 | 802 | 852 | 830 | 823 | 827 | 856 |
| 水分（%） | 11.1 | 10.9 | 10.9 | 10.2 | 9.9 | 10.5 | 10.4 | 9.1 |
| 粗蛋白（%，干基） | 16.8 | 15.0 | 15.0 | 11.00 | 15.0 | 13.9 | 13.7 | 15.4 |
| 降落数值（s） | 416 | 441 | 407 | 394 | 399 | 372 | 375 | 439 |
| **面粉** | | | | | | | | |
| 出粉率（%） | 68.0 | 65.9 | 65.9 | 67.5 | 68.2 | 63.5 | 65.4 | 70.0 |
| 沉淀指数（mL） | 40.0 | 37.0 | 41.0 | | | | | 41.5 |
| 湿面筋（%，14%湿基） | 35.3 | 27.1 | 25.7 | 17.7 | 27.7 | 27.0 | 27.1 | 27.5 |
| 面筋指数 | 89 | 100 | 99 | 100 | 99 | 99 | 100 | 97 |
| **面团** | | | | | | | | |
| 吸水量（mL/100g） | 61.6 | 60.3 | 59.8 | 62.8 | 63.7 | 63.8 | 58.9 | 61.5 |
| 形成时间（min） | 3.7 | 2.5 | 2.2 | 1.5 | 2.2 | 1.7 | 2.4 | 26.0 |
| 稳定时间（min） | 30.4 | 12.9 | 11.9 | 1.4 | 9.8 | 8.4 | 13.1 | 30.8 |
| 拉伸面积（$cm^2$，135min） | 140 | 189 | 215 | | 107 | | 158 | 145 |
| 延伸性（mm） | 148 | 160 | 169 | | 131 | | 132 | 139 |
| 最大拉伸阻力（E.U） | 746 | 902 | 961 | | 617 | | 939 | 822 |
| **烘焙评价** | | | | | | | | |
| 面包体积（mL） | 810 | | | | | | | 800 |
| 面包评分 | 84 | | | | | | | 81 |
| **蒸煮评价** | | | | | | | | |
| 面条评分 | | | | | 86 | 86 | 86 | |

（续）

| 样品编号 | 200063 | 200093 | 200164 | 200212 | 200213 | 200214 | 200215 | 200218 |
|---|---|---|---|---|---|---|---|---|
| 品种名称 | 济麦 44 | 济麦 44 | 济麦 44 | 济麦 44 | 济麦 44 | 济麦 44 | 济麦 44 | 济麦 44 |
| 样品来源 | 山东泰安 | 安徽涡阳 | 河北柏乡 | 山东寒亭 | 山东寿光 | 山东历城 | 山东惠民 | 山东滕州 |
| 达标类型 | G1/Z1 | G1/Z2 | G2/Z2 | Z2 | Z3/MS | Z2 | G2/Z1 | G2/Z1 |
| **籽粒** | | | | | | | | |
| 容重（g/L） | 802 | 827 | 839 | 808 | 831 | 830 | 802 | 838 |
| 水分（%） | 11.0 | 11.0 | 10.6 | 10.2 | 10.6 | 9.9 | 10.6 | 10.3 |
| 粗蛋白（%，干基） | 18.0 | 18.7 | 16.8 | 16.3 | 15.1 | 16.6 | 16.0 | 16.3 |
| 降落数值（s） | 422 | 426 | 414 | 343 | 366 | 335 | 354 | 321 |
| **面粉** | | | | | | | | |
| 出粉率（%） | 68.0 | 66.0 | 69.0 | 68.0 | 69.0 | 70.0 | 70.0 | 69.0 |
| 沉淀指数（mL） | 44.0 | 45.0 | 48.0 | 41.0 | 45.0 | 57.0 | 39.0 | 40.0 |
| 湿面筋（%，14%湿基） | 37.5 | 38.4 | 32.0 | 31.9 | 29.9 | 31.3 | 32.1 | 33.9 |
| 面筋指数 | 82 | 86 | 90 | 82 | 91 | 95 | 88 | 86 |
| **面团** | | | | | | | | |
| 吸水量（mL/100g） | 64.2 | 69.6 | 63.2 | 58.5 | 58.9 | 60.3 | 60.5 | 61.8 |
| 形成时间（min） | 17.7 | 26.0 | 12.7 | 8.5 | 2.2 | 31.7 | 8.5 | 10.3 |
| 稳定时间（min） | 16.8 | 18.9 | 23.5 | 15.9 | 14.5 | 38.7 | 17.3 | 28.0 |
| 拉伸面积（$cm^2$，135min） | 160 | 119 | 136 | 131 | 150 | 199 | 151 | 154 |
| 延伸性（mm） | 150 | 152 | 167 | 203 | 180 | 210 | 164 | 158 |
| 最大拉伸阻力（E.U） | 837 | 606 | 650 | 582 | 745 | 891 | 699 | 740 |
| **烘焙评价** | | | | | | | | |
| 面包体积（mL） | 820 | 850 | 850 | 820 | 820 | 820 | 820 | 820 |
| 面包评分 | 86 | 87 | 90 | 84 | 84 | 84 | 84 | 84 |
| **蒸煮评价** | | | | | | | | |
| 面条评分 | | | | | | | | |

（续）

| 样品编号 | 200221 | 210123 | 210179 | 210181 | 210183 | 210184 | 210185 | 210187 |
|---|---|---|---|---|---|---|---|---|
| 品种名称 | 济麦 44 | 济麦 44 | 济麦 44 | 济麦 44 | 济麦 44 | 济麦 44 | 济麦 44 | 济麦 44 |
| 样品来源 | 山东邹城 | 安徽涡阳 | 山东惠民 | 山东兖州 | 山东潍坊 | 山东德州 | 山东济南 | 山东滨州 |
| 达标类型 | Z2 | G2/Z1 | G2/Z1 | G2/Z2 | Z2 | G2/Z2 | — | Z2 |
| **籽粒** | | | | | | | | |
| 容重（g/L） | 807 | 826 | 786 | 802 | 803 | 801 | 807 | 790 |
| 水分（%） | 10.3 | 11.4 | 11.1 | 11.2 | 11.4 | 11.3 | 10.9 | 11.8 |
| 粗蛋白（%，干基） | 15.5 | 15.5 | 17.0 | 16.0 | 15.8 | 16.1 | 15.2 | 15.6 |
| 降落数值（s） | 356 | 405 | 364 | 429 | 400 | 424 | 439 | 385 |
| **面粉** | | | | | | | | |
| 出粉率（%） | 70.0 | 66.5 | 66.8 | 67.8 | 67.4 | 67.8 | 67.2 | 67.6 |
| 沉淀指数（mL） | 42.0 | 36.0 | 60.0 | 45.0 | 50.0 | 44.0 | 52.0 | 40.0 |
| 湿面筋（%，14%湿基） | 31.2 | 33.5 | 33.7 | 32.1 | 31.0 | 32.7 | 24.9 | 31.4 |
| 面筋指数 | 91 | 88 | 95 | 94 | 95 | 95 | 100 | 94 |
| **面团** | | | | | | | | |
| 吸水量（mL/100g） | 62.2 | 62.0 | 63.8 | 64.1 | 63.7 | 63.9 | 60.0 | 62.0 |
| 形成时间（min） | 13.0 | 8.5 | 3.2 | 6.8 | 10.0 | 8.2 | 2.5 | 9.3 |
| 稳定时间（min） | 24.6 | 16.5 | 27.5 | 20.2 | 25.6 | 22.3 | 32.3 | 16.0 |
| 拉伸面积（$cm^2$，135min） | 159 | 142 | 141 | 134 | 153 | 139 | 215 | 131 |
| 延伸性（mm） | 164 | 147 | 148 | 158 | 160 | 164 | 176 | 143 |
| 最大拉伸阻力（E.U） | 730 | 737 | 713 | 659 | 738 | 649 | 947 | 696 |
| **烘焙评价** | | | | | | | | |
| 面包体积（mL） | 820 | 850 | 850 | 850 | 850 | 850 | | 850 |
| 面包评分 | 84 | 85 | 85 | 85 | 85 | 85 | | 85 |
| **蒸煮评价** | | | | | | | | |
| 面条评分 | | | | | | | | |

（续）

| 样品编号 | 220166 | 220170 | 220202 | 220331 | 220365 | 220370 | 220373 | 220384 |
|---|---|---|---|---|---|---|---|---|
| 品种名称 | 济麦 44 | 济麦 44 | 济麦 44 | 济麦 44 | 济麦 44 | 济麦 44 | 济麦 44 | 济麦 44 |
| 样品来源 | 山东惠民 | 河南滑县 | 河南滑县 | 安徽涡阳 | 山东兖州 | 山东阳信 | 山东平度 | 山东惠民 |
| 达标类型 | MS | — | — | Z3/MS | Z3/MS | — | — | Z3/MS |
| **籽粒** | | | | | | | | |
| 容重（g/L） | 803 | 842 | 842 | 840 | 837 | 791 | 791 | 805 |
| 水分（%） | 10.3 | 9.9 | 9.5 | 11.1 | 10.8 | 10.8 | 10.9 | 10.5 |
| 粗蛋白（%，干基） | 15.9 | 12.1 | 14.4 | 14.5 | 15.4 | 15.7 | 16.2 | 16.3 |
| 降落数值（s） | 447 | 468 | 403 | 438 | 410 | 467 | 420 | 441 |
| **面粉** | | | | | | | | |
| 出粉率（%） | 66.5 | 68.5 | 68.1 | 68.6 | 67.7 | 66.1 | 65.6 | 68.1 |
| 沉淀指数（mL） | | | | | | | | |
| 湿面筋（%，14%湿基） | 28.6 | 21.6 | 27.2 | 30.0 | 29.3 | 27.8 | 26.8 | 29.1 |
| 面筋指数 | 99 | 99 | 100 | 97 | 99 | 99 | 99 | 97 |
| **面团** | | | | | | | | |
| 吸水量（mL/100g） | 58.9 | 64.8 | 65.3 | 62.6 | 62.7 | 58.0 | 59.8 | 64.3 |
| 形成时间（min） | 20.5 | 1.8 | 2.2 | 17.7 | 21.3 | 2.7 | 2.5 | 2.7 |
| 稳定时间（min） | 32.3 | 2.3 | 19.2 | 35.8 | 41.6 | 35.0 | 18.8 | 15.9 |
| 拉伸面积（$cm^2$，135min） | 175 | | 172 | 181 | 172 | 186 | 183 | 168 |
| 延伸性（mm） | 145 | | 180 | 146 | 158 | 141 | 153 | 158 |
| 最大拉伸阻力（E.U） | 959 | | 733 | 971 | 848 | 1033 | 909 | 842 |
| **烘焙评价** | | | | | | | | |
| 面包体积（mL） | 850 | | | 850 | 850 | | | 850 |
| 面包评分 | 88 | | | 88 | 88 | | | 88 |
| **蒸煮评价** | | | | | | | | |
| 面条评分 | | | | | | | | |

（续）

| 样品编号 | Pm210107 | Pm210110 | 210177 | 220374 | 220463 | 210014 | 210117 | 210155 |
|---|---|---|---|---|---|---|---|---|
| 品种名称 | 济麦 44 | 济麦 44 | 济麦 5022 | 济麦 5022 | 济麦 5022 | 稷麦 336 | 稷麦 336 | 稷麦 336 |
| 样品来源 | 山东惠民 | 山东嘉祥 | 山东惠民 | 山东诸城 | 山东平阴 | 河南滑县 | 安徽涡阳 | 河北柏乡 |
| 达标类型 | Z2 | G2/Z3 | MS | — | MG | — | G2/Z1 | Z3/MS |
| **籽粒** | | | | | | | | |
| 容重（g/L） | 789 | 828 | 831 | 813 | 822 | 844 | 850 | 834 |
| 水分（%） | 11.8 | 12.0 | 10.8 | 10.8 | 9.9 | 11.3 | 13.0 | 12.9 |
| 粗蛋白（%，干基） | 16.1 | 15.3 | 15.6 | 13.7 | 13.5 | 12.6 | 14.0 | 13.0 |
| 降落数值（s） | 411 | 449 | 396 | 381 | 368 | 392 | 353 | 379 |
| **面粉** | | | | | | | | |
| 出粉率（%） | 67.0 | 67.0 | 67.9 | 67.9 | 64.5 | 74.8 | 73.6 | 71.3 |
| 沉淀指数（mL） | 45.0 | 35.0 | 33.0 | | | 31.0 | 37.0 | 33.0 |
| 湿面筋（%，14%湿基） | 31.8 | 32.4 | 28.3 | 24.2 | 25.5 | 27.6 | 33.1 | 29.2 |
| 面筋指数 | 89 | 76 | 97 | 100 | 99 | 98 | 88 | 97 |
| **面团** | | | | | | | | |
| 吸水量（mL/100g） | 59.9 | 61.4 | 60.9 | 56.3 | 59.7 | 60.5 | 59.6 | 61.2 |
| 形成时间（min） | 24.5 | 7.0 | 2.0 | 2.5 | 1.9 | 2.4 | 10.5 | 8.3 |
| 稳定时间（min） | 32.1 | 17.5 | 7.9 | 17.7 | 5.4 | 14.7 | 18.3 | 13.0 |
| 拉伸面积（$cm^2$，135min） | 163 | 106 | 123 | 114 | | 114 | 168 | 122 |
| 延伸性（mm） | 149 | 126 | 177 | 117 | | 137 | 153 | 169 |
| 最大拉伸阻力（E.U） | 832 | 659 | 536 | 744 | | 625 | 840 | 591 |
| **烘焙评价** | | | | | | | | |
| 面包体积（mL） | 850 | 850 | | | | | 810 | |
| 面包评分 | 85 | 85 | | | | | 82 | |
| **蒸煮评价** | | | | | | | | |
| 面条评分 | | | | | | | | |

（续）

| 样品编号 | 220157 | 220281 | 220282 | 220283 | 200166 | 210143 | 210164 | 220299 |
|---|---|---|---|---|---|---|---|---|
| 品种名称 | 稷麦 336 | 稷麦 336 | 稷麦 336 | 稷麦 336 | 冀麦 738 | 冀麦 738 | 冀麦 U80 | 冀麦 U80 |
| 样品来源 | 河南温县 | 河南温县 | 安徽埇桥 | 江苏宿城 | 河北柏乡 | 河北柏乡 | 河北柏乡 | 河北柏乡 |
| 达标类型 | G2/Z2 | G2/Z2 | Z3/MS | G2/Z2 | Z2 | Z3/MS | Z3/MS | Z3/MS |
| **籽粒** | | | | | | | | |
| 容重（g/L） | 849 | 860 | 861 | 863 | 862 | 823 | 831 | 832 |
| 水分（%） | 10.3 | 10.4 | 11.0 | 10.9 | 10.5 | 13.6 | 13.4 | 10.9 |
| 粗蛋白（%，干基） | 14.9 | 14.1 | 14.2 | 14.8 | 14.9 | 14.0 | 13.7 | 14.7 |
| 降落数值（s） | 487 | 417 | 394 | 440 | 387 | 416 | 422 | 391 |
| **面粉** | | | | | | | | |
| 出粉率（%） | 69.7 | 74.6 | 75.0 | 75.2 | 69 | 70.6 | 70.7 | 68.6 |
| 沉淀指数（mL） | | | | | 34.0 | 36.0 | 35.0 | |
| 湿面筋（%，14%湿基） | 33.5 | 32.2 | 30.8 | 32.2 | 32.6 | 29.6 | 30.4 | 30.5 |
| 面筋指数 | 88 | 95 | 93 | 96 | 86 | 90 | 93 | 95 |
| **面团** | | | | | | | | |
| 吸水量（mL/100g） | 65.0 | 67.6 | 64.5 | 67.4 | 64.1 | 60.9 | 63.0 | 65.1 |
| 形成时间（min） | 15.8 | 8.8 | 10.8 | 8.7 | 7.2 | 9.5 | 7.5 | 6.3 |
| 稳定时间（min） | 19.1 | 18.7 | 18.1 | 18.5 | 12.1 | 16.6 | 16.1 | 14.6 |
| 拉伸面积（$cm^2$，135min） | 138 | 124 | 141 | 129 | 126 | 119 | 112 | 116 |
| 延伸性（mm） | 146 | 155 | 155 | 169 | 201 | 145 | 136 | 151 |
| 最大拉伸阻力（E.U） | 739 | 615 | 691 | 608 | 554 | 620 | 615 | 591 |
| **烘焙评价** | | | | | | | | |
| 面包体积（mL） | 780 | 780 | 780 | 780 | 780 | | | |
| 面包评分 | 80 | 80 | 80 | 80 | 79 | | | |
| **蒸煮评价** | | | | | | | | |
| 面条评分 | 87 | 87 | 87 | 87 | | | | |

（续）

| 样品编号 | 200026 | 200133 | 210003 | 220161 | 220190 | 220240 | 220303 | 220438 |
|---|---|---|---|---|---|---|---|---|
| 品种名称 | 金诚麦 19 | 金诚麦 19 | 金诚麦 19 | 金诚麦 19 | 金诚麦 19 | 金诚麦 19 | 金诚麦 19 | 金石农 1 号 |
| 样品来源 | 河南滑县 | 安徽涡阳 | 河南滑县 | 河南长葛 | 河南滑县 | 山东泰安 | 河北柏乡 | 新疆昌吉 |
| 达标类型 | MG | — | MG | Z1 | Z2 | Z2 | Z2 | Z3/MS |
| **籽粒** | | | | | | | | |
| 容重（g/L） | 845 | 813 | 818 | 809 | 836 | 800 | 812 | 832 |
| 水分（%） | 9.0 | 11.3 | 11.0 | 10.6 | 10.1 | 10.0 | 10.4 | 10.9 |
| 粗蛋白（%，干基） | 13.8 | 15.6 | 13.0 | 16.7 | 15.0 | 17.2 | 15.0 | 15.8 |
| 降落数值（s） | 426 | 445 | 467 | 493 | 410 | 425 | 441 | 399 |
| **面粉** | | | | | | | | |
| 出粉率（%） | 71.0 | 68.0 | 68.1 | 66.8 | 65.5 | 66.0 | 65.7 | 68.9 |
| 沉淀指数（mL） | 24.0 | 28.0 | 24.0 | | | | | |
| 湿面筋（%，14%湿基） | 29.7 | 36.5 | 28.8 | 33.5 | 31.7 | 39.8 | 32.2 | 36.2 |
| 面筋指数 | 63 | 46 | 61 | 98 | 97 | 91 | 100 | 98 |
| **面团** | | | | | | | | |
| 吸水量（mL/100g） | 56.7 | 59.3 | 59.6 | 59.4 | 64.2 | 63.3 | 64.4 | 62.5 |
| 形成时间（min） | 2.8 | 2.8 | 3.7 | 10.8 | 6.0 | 6.9 | 5.7 | 6.4 |
| 稳定时间（min） | 3.0 | 2.4 | 4.6 | 21.4 | 18.2 | 14.3 | 12.9 | 11.5 |
| 拉伸面积（$cm^2$，135min） | | | | 198 | 151 | 127 | 149 | 121 |
| 延伸性（mm） | | | | 204 | 179 | 169 | 183 | 176 |
| 最大拉伸阻力（E.U） | | | | 738 | 621 | 564 | 593 | 504 |
| **烘焙评价** | | | | | | | | |
| 面包体积（mL） | | | | 790 | 790 | 790 | 790 | |
| 面包评分 | | | | 79 | 79 | 79 | 79 | |
| **蒸煮评价** | | | | | | | | |
| 面条评分 | | | | | | | | |

（续）

| 样品编号 | 200005 | 200066 | 220203 | 220289 | 220413 | 200100 | 200211 | 210017 |
|---|---|---|---|---|---|---|---|---|
| 品种名称 | 隆平麦 518 | 鲁研 1403 | 鲁研 1403 | 鲁研 1403 | 鲁研 1403 | 轮选 2000 | 轮选 49 | 轮选 49 |
| 样品来源 | 河南滑县 | 山东泰安 | 河南滑县 | 河北柏乡 | 安徽涡阳 | 安徽涡阳 | 河北赵县 | 河南滑县 |
| 达标类型 | Z3/MS | G1/Z1 | — | Z3/MS | Z3/MS | Z2 | G2/Z1 | — |
| **籽粒** | | | | | | | | |
| 容重（g/L） | 850 | 801 | 846 | 824 | 797 | 848 | 826 | 828 |
| 水分（%） | 8.7 | 10.4 | 10.0 | 10.0 | 11.9 | 11.4 | 10.9 | 11.2 |
| 粗蛋白（%，干基） | 14.9 | 18.0 | 12.6 | 16.5 | 15.7 | 15.9 | 16.0 | 13.5 |
| 降落数值（s） | 365 | 392 | 389 | 371 | 302 | 385 | 463 | 433 |
| **面粉** | | | | | | | | |
| 出粉率（%） | 72.0 | 68.0 | 65.5 | 67.3 | 65.0 | 70.0 | 70.0 | 68.9 |
| 沉淀指数（mL） | 44.0 | 43.0 | | | | 34.0 | 35.5 | 33.0 |
| 湿面筋（%，14%湿基） | 29.6 | 39.6 | 24.6 | 34.5 | 30.1 | 38.0 | 33.7 | 25.9 |
| 面筋指数 | 82 | 79 | 99 | 99 | 99 | 65 | 83 | 99 |
| **面团** | | | | | | | | |
| 吸水量（mL/100g） | 60.7 | 66.9 | 71.1 | 66.8 | 64.4 | 67.2 | 57.3 | 61.1 |
| 形成时间（min） | 8.0 | 26.8 | 1.9 | 2.7 | 18.7 | 15.3 | 12.2 | 1.9 |
| 稳定时间（min） | 11.8 | 24.2 | 2.1 | 10.8 | 28.1 | 15.9 | 27.2 | 7.6 |
| 拉伸面积（$cm^2$，135min） | 133 | 153 | | 162 | 184 | 121 | 158 | 181 |
| 延伸性（mm） | 150 | 188 | | 180 | 186 | 172 | 156 | 165 |
| 最大拉伸阻力（E.U） | 693 | 672 | | 660 | 759 | 552 | 796 | 927 |
| **烘焙评价** | | | | | | | | |
| 面包体积（mL） | 770 | 860 | | | | 730 | 780 | |
| 面包评分 | 76 | 91 | | | | 72 | 81 | |
| **蒸煮评价** | | | | | | | | |
| 面条评分 | | | | | | | | |

（续）

| 样品编号 | 210121 | 210158 | 220046 | 220301 | 210118 | 220338 | 200003 | 200084 |
|---|---|---|---|---|---|---|---|---|
| 品种名称 | 轮选 49 | 轮选 49 | 轮选 49 | 轮选 49 | 洛麦 47 | 洛麦 47 | 美国硬红冬 | 美国硬红冬 |
| 样品来源 | 安徽涡阳 | 河北柏乡 | 河北赵县 | 河北柏乡 | 安徽涡阳 | 安徽涡阳 | 河南滑县 | 山东泰安 |
| 达标类型 | G2/Z1 | — | MS | Z3/MS | Z2 | Z3/MS | G1/Z2 | G1/Z1 |
| **籽粒** | | | | | | | | |
| 容重（g/L） | 851 | 821 | 836 | 820 | 829 | 837 | 830 | 800 |
| 水分（%） | 11.5 | 12.5 | 10.4 | 10.6 | 11.3 | 11.2 | 12.2 | 11.0 |
| 粗蛋白（%，干基） | 14.9 | 13.6 | 13.3 | 14.1 | 15.9 | 15.6 | 16.2 | 17.0 |
| 降落数值（s） | 459 | 395 | 453 | 423 | 438 | 347 | 385 | 348 |
| **面粉** | | | | | | | | |
| 出粉率（%） | 68.7 | 69.2 | 63.5 | 67.1 | 66.7 | 68.3 | 70.0 | 68.0 |
| 沉淀指数（mL） | 46.0 | 33.0 | | | 28.0 | | 44.0 | 34.0 |
| 湿面筋（%，14%湿基） | 33.9 | 27.7 | 28.8 | 30.7 | 31.4 | 30.0 | 35.9 | 36.6 |
| 面筋指数 | 99 | 98 | 97 | 100 | 96 | 99 | 85 | 79 |
| **面团** | | | | | | | | |
| 吸水量（mL/100g） | 66.8 | 61.1 | 65.2 | 65.8 | 61.7 | 62.9 | 62.8 | 61.8 |
| 形成时间（min） | 2.4 | 2.0 | 1.8 | 8.3 | 2.7 | 2.0 | 9.7 | 10.7 |
| 稳定时间（min） | 24.7 | 20.6 | 7.1 | 19.6 | 23.5 | 17.1 | 19.6 | 20.0 |
| 拉伸面积（$cm^2$，135min） | 191 | 142 | 122 | 128 | 182 | 161 | 121 | 169 |
| 延伸性（mm） | 212 | 141 | 148 | 153 | 146 | 146 | 175 | 194 |
| 最大拉伸阻力（E.U） | 775 | 773 | 638 | 647 | 967 | 867 | 519 | 688 |
| **烘焙评价** | | | | | | | | |
| 面包体积（mL） | 910 | | | 770 | 800 | | 840 | 850 |
| 面包评分 | 91 | | | 79 | 82 | | 87 | 88 |
| **蒸煮评价** | | | | | | | | |
| 面条评分 | | | 88 | 88 | | | | |

（续）

| 样品编号 | 200102 | 200137 | 210027 | 210092 | 200193 | 220192 | 220218 | 220258 |
|---|---|---|---|---|---|---|---|---|
| 品种名称 | 美国硬红冬 | 美国硬红冬 | 美国硬红冬 | 美国硬红冬 | 宁麦资166 | 农大753 | 农大753 | 农大753 |
| 样品来源 | 安徽涡阳 | 河北柏乡 | 河南滑县 | 安徽涡阳 | 江苏淮阴 | 河南滑县 | 安徽颍上 | 山东泰安 |
| 达标类型 | G1/Z1 | G1/Z2 | G1/Z3 | G1/Z2 | G2/Z1 | MG | Z2 | Z1 |
| **籽粒** | | | | | | | | |
| 容重（g/L） | 818 | 823 | 800 | 812 | 821 | 843 | 809 | 807 |
| 水分（%） | 12.0 | 11.6 | 11.0 | 11.5 | 10.9 | 10.0 | 10.4 | 9.9 |
| 粗蛋白（%，干基） | 17.5 | 16.7 | 16.8 | 17.4 | 15.8 | 13.8 | 15.1 | 16.8 |
| 降落数值（s） | 391 | 346 | 393 | 381 | 488 | 462 | 332 | 422 |
| **面粉** | | | | | | | | |
| 出粉率（%） | 69.0 | 69.0 | 68.8 | 70.8 | 71.0 | 68.2 | 68.5 | 65.7 |
| 沉淀指数（mL） | 39.0 | 40.0 | 35.0 | 37.0 | 37.0 | | | |
| 湿面筋（%，14%湿基） | 39.7 | 37.2 | 35.8 | 41.0 | 34.1 | 25.5 | 31.6 | 33.9 |
| 面筋指数 | 82 | 80 | 87 | 76 | 81 | 100 | 100 | 96 |
| **面团** | | | | | | | | |
| 吸水量（mL/100g） | 64.6 | 60.6 | 62.8 | 64.1 | 60.6 | 62.0 | 60.8 | 64.5 |
| 形成时间（min） | 10.7 | 7.7 | 6.9 | 9.2 | 13.8 | 1.9 | 2.2 | 2.5 |
| 稳定时间（min） | 18.4 | 13.7 | 11.7 | 18.8 | 22.8 | 3.4 | 18.9 | 16.8 |
| 拉伸面积（$cm^2$，135min） | 149 | 129 | 130 | 112 | 171 | | 210 | 152 |
| 延伸性（mm） | 239 | 221 | 242 | 206 | 164 | | 161 | 162 |
| 最大拉伸阻力（E. U） | 582 | 481 | 404 | 406 | 900 | | 1017 | 731 |
| **烘焙评价** | | | | | | | | |
| 面包体积（mL） | 930 | 900 | 920 | 920 | 830 | | | |
| 面包评分 | 93 | 93 | 92 | 92 | 87 | | | |
| **蒸煮评价** | | | | | | | | |
| 面条评分 | | | | | | | | |

（续）

| 样品编号 | 220304 | 220350 | 200199 | 200201 | 200202 | 210056 | 210059 | 210063 |
|---|---|---|---|---|---|---|---|---|
| 品种名称 | 农大 753 | 农大 753 | 农麦 88 | 农麦 88 | 农麦 88 | 农麦 88 | 农麦 88 | 农麦 88 |
| 样品来源 | 河北柏乡 | 安徽涡阳 | 江苏姜堰 | 江苏海安 | 江苏姜堰 | 江苏泰州 | 江苏如皋 | 江苏泰州 |
| 达标类型 | MS | Z3/MS | G1 | G1/Z1 | G2/Z1 | G2/Z1 | Z3/MS | Z3/MS |
| **籽粒** | | | | | | | | |
| 容重（g/L） | 820 | 824 | 790 | 800 | 798 | 800 | 808 | 819 |
| 水分（%） | 10.7 | 11.2 | 10.7 | 10.4 | 10.8 | 11.3 | 11.7 | 11.5 |
| 粗蛋白（%，干基） | 15.0 | 15.5 | 16.3 | 16.5 | 17.0 | 16.2 | 14.1 | 15.3 |
| 降落数值（s） | 331 | 351 | 502 | 445 | 469 | 391 | 403 | 338 |
| **面粉** | | | | | | | | |
| 出粉率（%） | 67.1 | 67.5 | 69.0 | 68.0 | 69.0 | 69.4 | 66.4 | 69.2 |
| 沉淀指数（mL） | | | 39.0 | 45.0 | 42.5 | 43.0 | 35.0 | 41.0 |
| 湿面筋（%，14%湿基） | 32.5 | 30.2 | 35.3 | 35.0 | 35.0 | 34.7 | 29.2 | 31.7 |
| 面筋指数 | 100 | 99 | 87 | 86 | 91 | 97 | 94 | 94 |
| **面团** | | | | | | | | |
| 吸水量（mL/100g） | 62.0 | 61.6 | 62.1 | 60.2 | 61.9 | 63.0 | 59.2 | 61.7 |
| 形成时间（min） | 2.2 | 2.5 | 2.8 | 7.0 | 12.2 | 9.3 | 2.4 | 2.3 |
| 稳定时间（min） | 9.7 | 21.3 | 17.2 | 18.5 | 19.8 | 18.0 | 10.7 | 11.6 |
| 拉伸面积（$cm^2$，135min） | | 196 | 139 | 157 | 163 | 158 | 124 | 157 |
| 延伸性（mm） | | 144 | 174 | 188 | 179 | 178 | 165 | 182 |
| 最大拉伸阻力（E.U） | | 1074 | 611 | 631 | 687 | 706 | 562 | 634 |
| **烘焙评价** | | | | | | | | |
| 面包体积（mL） | | | 820 | 820 | 820 | 870 | | 870 |
| 面包评分 | | | 85 | 85 | 85 | 89 | | 89 |
| **蒸煮评价** | | | | | | | | |
| 面条评分 | | | | | | | | |

（续）

| 样品编号 | 210065 | 210083 | 220094 | 220106 | 220132 | 220037 | 220224 | 220262 |
|---|---|---|---|---|---|---|---|---|
| 品种名称 | 农麦 88 | 农麦 88 | 农麦 88 | 农麦 88 | 农麦 88 | 瑞华麦 598 | 山农 26 | 山农 26 |
| 样品来源 | 江苏南通 | 江苏泰州 | 江苏泰兴 | 江苏姜堰 | 江苏射阳 | 江苏金湖 | 山东肥城 | 山东东平 |
| 达标类型 | G1/Z3 | Z3/MS | — | MG | Z3/MS | — | Z2 | Z3/MS |
| **籽粒** | | | | | | | | |
| 容重（g/L） | 811 | 783 | 775 | 838 | 806 | 817 | 835 | 838 |
| 水分（%） | 11.5 | 12.0 | 10.8 | 10.4 | 11.2 | 11.1 | 10.5 | 9.9 |
| 粗蛋白（%，干基） | 16.1 | 13.9 | 10.2 | 13.4 | 14.8 | 12.9 | 16.2 | 16.0 |
| 降落数值（s） | 374 | 399 | 406 | 348 | 412 | 521 | 416 | 401 |
| **面粉** | | | | | | | | |
| 出粉率（%） | 67.1 | 67.4 | 65.1 | 67.4 | 65.1 | 66.0 | 65.6 | 67.4 |
| 沉淀指数（mL） | 40.0 | 37.0 | | | | | | |
| 湿面筋（%，14%湿基） | 35.0 | 30.3 | 17.4 | 25.8 | 32.4 | 28.5 | 35.5 | 34.3 |
| 面筋指数 | 88 | 89 | 100 | 99 | 92 | 96 | 92 | 98 |
| **面团** | | | | | | | | |
| 吸水量（mL/100g） | 62.9 | 60.8 | 53.6 | 65.3 | 60.7 | 64.8 | 63.6 | 64.1 |
| 形成时间（min） | 7.5 | 2.2 | 1.2 | 2.0 | 3.7 | 2.5 | 6.2 | 5.7 |
| 稳定时间（min） | 11.3 | 13.5 | 1.5 | 3.2 | 11.0 | 8.5 | 12.1 | 11.6 |
| 拉伸面积（$cm^2$，135min） | 145 | 165 | | | 121 | 129 | 120 | 128 |
| 延伸性（mm） | 194 | 168 | | | 162 | 140 | 187 | 193 |
| 最大拉伸阻力（E. U） | 574 | 794 | | | 631 | 705 | 496 | 539 |
| **烘焙评价** | | | | | | | | |
| 面包体积（mL） | 870 | 870 | | | | | 780 | 780 |
| 面包评分 | 89 | 89 | | | | | 76 | 76 |
| **蒸煮评价** | | | | | | | | |
| 面条评分 | | | | | | | | |

（续）

| 样品编号 | 200170 | 210138 | 220011 | 220047 | 220062 | 220236 | 200174 | 210151 |
|---|---|---|---|---|---|---|---|---|
| 品种名称 | 师栾 02－1 | 师栾 02－1 | 师栾 02－1 | 师栾 02－1 | 师栾 02－1 | 石栾 201 | 石优 20 | 石优 20 |
| 样品来源 | 河北柏乡 | 河北柏乡 | 河北故城 | 河北柏乡 | 河北桃城 | 山东泰安 | 河北柏乡 | 河北柏乡 |
| 达标类型 | G2/Z1 | Z3/MS | — | Z3/MS | Z2 | Z1 | Z2 | MS |
| **籽粒** | | | | | | | | |
| 容重（g/L） | 826 | 834 | 820 | 831 | 810 | 786 | 859 | 810 |
| 水分（%） | 11.1 | 11.4 | 12.2 | 9.9 | 10.2 | 10.0 | 10.6 | 13.1 |
| 粗蛋白（%，干基） | 15.9 | 14.7 | 14.7 | 14.6 | 16.2 | 16.4 | 14.9 | 13.0 |
| 降落数值（s） | 354 | 387 | 387 | 421 | 430 | 506 | 373 | 390 |
| **面粉** | | | | | | | | |
| 出粉率（%） | 70.0 | 69.6 | 64.4 | 66.1 | 67.0 | 65.9 | 69.0 | 70.2 |
| 沉淀指数（mL） | 35.0 | 36.0 | | | | | 34.5 | 30.0 |
| 湿面筋（%，14%湿基） | 32.4 | 29.8 | 27.0 | 29.0 | 31.1 | 35.4 | 31.7 | 29.6 |
| 面筋指数 | 93 | 99 | 100 | 99 | 98 | 96 | 83 | 79 |
| **面团** | | | | | | | | |
| 吸水量（mL/100g） | 60.0 | 59.5 | 56.5 | 61.1 | 61.1 | 71.0 | 64.0 | 59.1 |
| 形成时间（min） | 8.3 | 8.5 | 21.2 | 2.4 | 2.7 | 22.0 | 6.7 | 5.2 |
| 稳定时间（min） | 16.8 | 18.1 | 35.7 | 15.4 | 33.4 | 24.8 | 12.0 | 7.8 |
| 拉伸面积（$cm^2$，135min） | 141 | 174 | 152 | 176 | 181 | 150 | 115 | 85 |
| 延伸性（mm） | 189 | 171 | 139 | 173 | 167 | 182 | 174 | 134 |
| 最大拉伸阻力（E.U） | 577 | 777 | 858 | 814 | 849 | 640 | 488 | 453 |
| **烘焙评价** | | | | | | | | |
| 面包体积（mL） | 860 | 880 | | 850 | 850 | | 720 | |
| 面包评分 | 91 | 89 | | 88 | 88 | | 75 | |
| **蒸煮评价** | | | | | | | | |
| 面条评分 | | | | | | | | |

（续）

| 样品编号 | 220324 | 200051 | 200025 | 200089 | 200109 | 200157 | 210030 | 210127 |
|---|---|---|---|---|---|---|---|---|
| 品种名称 | 石优 20 | 天宁 38 | 万丰 269 | 万丰 269 | 万丰 269 | 万丰 269 | 万丰 269 | 万丰 269 |
| 样品来源 | 河北柏乡 | 河南滑县 | 河南滑县 | 山东泰安 | 安徽涡阳 | 河北柏乡 | 河南滑县 | 安徽涡阳 |
| 达标类型 | MS | — | Z3/MS | Z2 | Z2 | Z2 | G2/Z1 | G2/Z1 |
| **籽粒** | | | | | | | | |
| 容重（g/L） | 806 | 849 | 859 | 822 | 825 | 808 | 836 | 844 |
| 水分（%） | 10.2 | 8.8 | 8.8 | 10.6 | 11.5 | 11.3 | 11.1 | 11.8 |
| 粗蛋白（%，干基） | 15.0 | 13.7 | 14.6 | 16.5 | 17.1 | 15.9 | 15.5 | 15.9 |
| 降落数值（s） | 368 | 442 | 454 | 386 | 467 | 397 | 422 | 381 |
| **面粉** | | | | | | | | |
| 出粉率（%） | 64.6 | 69.0 | 71.0 | 71.0 | 67.0 | 71.0 | 71.0 | 69.9 |
| 沉淀指数（mL） | | 32.0 | 32.5 | 35.0 | 37.0 | 34.0 | 37.0 | 36.0 |
| 湿面筋（%，14%湿基） | 33.7 | 26.0 | 30.6 | 36.6 | 37.1 | 34.4 | 34.3 | 34.9 |
| 面筋指数 | 96 | 93 | 91 | 76 | 79 | 88 | 93 | 93 |
| **面团** | | | | | | | | |
| 吸水量（mL/100g） | 66.5 | 66.8 | 62.9 | 62.7 | 68.0 | 62.6 | 64.0 | 63.9 |
| 形成时间（min） | 5.0 | 5.2 | 7.8 | 7.5 | 23.0 | 9.2 | 27.5 | 23.7 |
| 稳定时间（min） | 6.4 | 12.1 | 20.8 | 16.5 | 20.0 | 16.1 | 33.8 | 26.5 |
| 拉伸面积（$cm^2$，135min） | | 122 | 133 | 111 | 130 | 120 | 166 | 164 |
| 延伸性（mm） | | 162 | 191 | 158 | 154 | 162 | 169 | 173 |
| 最大拉伸阻力（E.U） | | 588 | 654 | 529 | 637 | 551 | 796 | 703 |
| **烘焙评价** | | | | | | | | |
| 面包体积（mL） | | | 760 | 760 | 760 | 760 | 850 | 850 |
| 面包评分 | | | 74 | 74 | 74 | 74 | 85 | 85 |
| **蒸煮评价** | | | | | | | | |
| 面条评分 | 83 | | | | | | | |

（续）

| 样品编号 | 210206 | 220175 | 220261 | 220311 | 220298 | 200008 | 200111 | 210025 |
|---|---|---|---|---|---|---|---|---|
| 品种名称 | 万丰 269 | 万丰 269 | 万丰 269 | 万丰 269 | 万丰 6608 | 西农 20 | 西农 20 | 西农 20 |
| 样品来源 | 河南许昌 | 河南滑县 | 山东泰安 | 河北柏乡 | 河北柏乡 | 河南滑县 | 安徽涡阳 | 河南滑县 |
| 达标类型 | G2/Z1 | Z2 | Z2 | Z2 | Z2 | Z3/MS | G2/Z1 | G2/Z2 |
| **籽粒** | | | | | | | | |
| 容重（g/L） | 849 | 852 | 804 | 823 | 823 | 856 | 842 | 778 |
| 水分（%） | 10.8 | 9.9 | 10.4 | 10.9 | 11.2 | 8.6 | 11.1 | 10.9 |
| 粗蛋白（%，干基） | 15.0 | 14.1 | 15.2 | 15.7 | 16.6 | 15.1 | 16.2 | 14.7 |
| 降落数值（s） | 374 | 400 | 383 | 387 | 368 | 467 | 433 | 411 |
| **面粉** | | | | | | | | |
| 出粉率（%） | 67.3 | 69.5 | 70.1 | 68.5 | 68.4 | 69.0 | 67.0 | 69.6 |
| 沉淀指数（mL） | 38.0 | | | | | 36.0 | 38.5 | 34.0 |
| 湿面筋（%，14%湿基） | 33.9 | 31.7 | 35.1 | 34.7 | 36.9 | 30.7 | 35.0 | 33.2 |
| 面筋指数 | 94 | 94 | 97 | 99 | 100 | 88 | 88 | 85 |
| **面团** | | | | | | | | |
| 吸水量（mL/100g） | 64.2 | 65.6 | 64.6 | 65.6 | 65.3 | 67.1 | 68.8 | 65.8 |
| 形成时间（min） | 12.9 | 20.4 | 7.5 | 7.2 | 7.0 | 6.5 | 8.7 | 6.4 |
| 稳定时间（min） | 22.6 | 20.8 | 15.2 | 16.6 | 15.6 | 13.4 | 22.0 | 12.3 |
| 拉伸面积（$cm^2$，135min） | 150 | 137 | 110 | 132 | 163 | 129 | 161 | 136 |
| 延伸性（mm） | 170 | 153 | 150 | 171 | 214 | 245 | 185 | 182 |
| 最大拉伸阻力（E.U） | 659 | 717 | 572 | 569 | 595 | 586 | 651 | 554 |
| **烘焙评价** | | | | | | | | |
| 面包体积（mL） | 850 | 750 | 750 | 750 | | 860 | 860 | 850 |
| 面包评分 | 85 | 74 | 74 | 74 | | 85 | 87 | 87 |
| **蒸煮评价** | | | | | | | | |
| 面条评分 | | 90 | 90 | 90 | | | | |

（续）

| 样品编号 | 210207 | 220191 | 220357 | 200045 | 200090 | 200128 | 200142 | 210035 |
|---|---|---|---|---|---|---|---|---|
| 品种名称 | 西农 20 | 西农 20 | 西农 20 | 西农 511 | 西农 511 | 西农 511 | 西农 511 | 西农 511 |
| 样品来源 | 河南汤阴 | 河南滑县 | 安徽涡阳 | 河南滑县 | 山东泰安 | 安徽涡阳 | 河北柏乡 | 河南滑县 |
| 达标类型 | Z3/MS | — | Z2 | MS | Z3/MS | Z3/MS | MS | Z3/MS |
| **籽粒** | | | | | | | | |
| 容重（g/L） | 824 | 849 | 840 | 859 | 794 | 835 | 839 | 812 |
| 水分（%） | 11.7 | 10.0 | 10.9 | 8.9 | 11.4 | 11.7 | 10.8 | 11.3 |
| 粗蛋白（%，干基） | 15.4 | 12.9 | 14.9 | 13.9 | 14.6 | 16.0 | 15.4 | 13.9 |
| 降落数值（s） | 385 | 425 | 465 | 351 | 344 | 420 | 361 | 387 |
| **面粉** | | | | | | | | |
| 出粉率（%） | 67.4 | 69.9 | 66.1 | 70.0 | 71.0 | 70.0 | 69.0 | 67.0 |
| 沉淀指数（mL） | 35.0 | | | 30.0 | 27.0 | 31.0 | 31.0 | 30.0 |
| 湿面筋（%，14%湿基） | 35.0 | 26.3 | 31.1 | 28.2 | 33.2 | 35.2 | 32.9 | 29.8 |
| 面筋指数 | 81 | 97 | 97 | 85 | 62 | 62 | 63 | 89 |
| **面团** | | | | | | | | |
| 吸水量（mL/100g） | 66.3 | 66.5 | 63.3 | 60.1 | 60.0 | 59.6 | 57.9 | 59.5 |
| 形成时间（min） | 7.2 | 6.5 | 9.7 | 6.5 | 4.5 | 9.3 | 5.0 | 5.3 |
| 稳定时间（min） | 11.6 | 12.5 | 23.8 | 14.0 | 8.6 | 15.3 | 8.3 | 8.4 |
| 拉伸面积（$cm^2$，135min） | 139 | 115 | 188 | 84 | 103 | 95 | 67 | 92 |
| 延伸性（mm） | 185 | 155 | 153 | 153 | 148 | 162 | 146 | 137 |
| 最大拉伸阻力（E.U） | 573 | 578 | 930 | 434 | 541 | 464 | 338 | 504 |
| **烘焙评价** | | | | | | | | |
| 面包体积（mL） | | | | 720 | 720 | 720 | 720 | |
| 面包评分 | | | | 64 | 64 | 64 | 64 | |
| **蒸煮评价** | | | | | | | | |
| 面条评分 | | | | | | | | |

（续）

| 样品编号 | 200196 | 220138 | 200004 | 200057 | 200096 | 200175 | 210009 | 210119 |
|---|---|---|---|---|---|---|---|---|
| 品种名称 | 西农 979 | 西农 979 | 新麦 26 | 新麦 26 | 新麦 26 | 新麦 26 | 新麦 26 | 新麦 26 |
| 样品来源 | 江苏金湖 | 江苏射阳 | 河南滑县 | 山东泰安 | 安徽涡阳 | 河北柏乡 | 河南滑县 | 安徽涡阳 |
| 达标类型 | Z1 | MG | Z3/MS | G2/Z2 | G1/Z3 | Z2 | — | Z2 |
| **籽粒** | | | | | | | | |
| 容重（g/L） | 825 | 824 | 839 | 778 | 815 | 821 | 809 | 833 |
| 水分（%） | 10.9 | 10.5 | 8.7 | 11.0 | 11.3 | 10.3 | 11.0 | 11.4 |
| 粗蛋白（%，干基） | 15.8 | 12.1 | 15.8 | 17.3 | 17.5 | 16.5 | 14.7 | 16.9 |
| 降落数值（s） | 461 | 439 | 450 | 441 | 441 | 428 | 441 | 432 |
| **面粉** | | | | | | | | |
| 出粉率（%） | 70.0 | 68.2 | 69.0 | 66.0 | 63.0 | 68.0 | 67.7 | 67.3 |
| 沉淀指数（mL） | 37.0 | | 44.0 | 49.0 | 56.0 | 44.0 | 40.0 | 34.0 |
| 湿面筋（%，14%湿基） | 34.3 | 27.2 | 29.5 | 33.8 | 36.0 | 31.5 | 27.7 | 31.5 |
| 面筋指数 | 87 | 70 | 97 | 87 | 90 | 95 | 98 | 96 |
| **面团** | | | | | | | | |
| 吸水量（mL/100g） | 63.5 | 65.5 | 65.8 | 66.2 | 70.6 | 65.1 | 66.0 | 61.1 |
| 形成时间（min） | 5.3 | 2.5 | 28.3 | 27.8 | 24.7 | 16.5 | 39.7 | 2.7 |
| 稳定时间（min） | 19.3 | 4.4 | 29.8 | 15.8 | 22.8 | 26.2 | 42.5 | 20.2 |
| 拉伸面积（$cm^2$，135min） | 143 | | 192 | 221 | 100 | 180 | 160 | 206 |
| 延伸性（mm） | 194 | | 197 | 194 | 166 | 191 | 158 | 165 |
| 最大拉伸阻力（E.U） | 699 | | 767 | 927 | 466 | 722 | 827 | 997 |
| **烘焙评价** | | | | | | | | |
| 面包体积（mL） | 740 | | 880 | 880 | 900 | 880 | | 915 |
| 面包评分 | 75 | | 92 | 92 | 94 | 92 | | 90 |
| **蒸煮评价** | | | | | | | | |
| 面条评分 | | | | | | | | |

（续）

| 样品编号 | 210154 | 210193 | 220179 | 220194 | 220205 | 220209 | 220210 | 220211 |
|---|---|---|---|---|---|---|---|---|
| 品种名称 | 新麦 26 | 新麦 26 | 新麦 26 | 新麦 26 | 新麦 26 | 新麦 26 | 新麦 26 | 新麦 26 |
| 样品来源 | 河北柏乡 | 河南新乡 | 河南滑县 | 河南滑县 | 河南滑县 | 河南新乡 | 河南辉县 | 河南郸城 |
| 达标类型 | Z3/MS | Z3/MS | — | Z3/MS | Z3/MS | Z2 | MS | G1/Z1 |
| **籽粒** | | | | | | | | |
| 容重（g/L） | 787 | 812 | 831 | 828 | 829 | 803 | 818 | 803 |
| 水分（%） | 13.8 | 11.2 | 10.3 | 10.1 | 9.8 | 11.0 | 9.8 | 10.2 |
| 粗蛋白（%，干基） | 14.1 | 15.6 | 12.9 | 14.2 | 13.9 | 15.7 | 14.6 | 16.2 |
| 降落数值（s） | 409 | 401 | 463 | 425 | 476 | 590 | 446 | 578 |
| **面粉** | | | | | | | | |
| 出粉率（%） | 67.8 | 66.2 | 68.3 | 67.8 | 69.4 | 66.4 | 66.0 | 66.5 |
| 沉淀指数（mL） | 43.0 | 40.0 | | | | | | |
| 湿面筋（%，14%湿基） | 29.5 | 29.8 | 23.9 | 29.6 | 29.2 | 31.4 | 28.1 | 36.5 |
| 面筋指数 | 97 | 99 | 100 | 98 | 99 | 99 | 99 | 96 |
| **面团** | | | | | | | | |
| 吸水量（mL/100g） | 65.2 | 66.0 | 69.9 | 68.5 | 68.5 | 64.2 | 66.7 | 64.4 |
| 形成时间（min） | 27.8 | 2.5 | 2.0 | 2.3 | 1.9 | 26.8 | 2.2 | 29.8 |
| 稳定时间（min） | 17.2 | 22.4 | 2.4 | 20.6 | 14.0 | 28.3 | 12.1 | 36.2 |
| 拉伸面积（$cm^2$，135min） | 184 | 182 | | 149 | 131 | 214 | 162 | 196 |
| 延伸性（mm） | 163 | 167 | | 150 | 156 | 160 | 151 | 170 |
| 最大拉伸阻力（E.U） | 869 | 809 | | 767 | 646 | 1009 | 811 | 852 |
| **烘焙评价** | | | | | | | | |
| 面包体积（mL） | | | | 840 | | 840 | | 840 |
| 面包评分 | | | | 87 | | 87 | | 87 |
| **蒸煮评价** | | | | | | | | |
| 面条评分 | | | | | | | | |

（续）

| 样品编号 | 220212 | 220257 | 220290 | Pm210132 | Pm210141 | Pm210144 | 200016 | 200098 |
|---|---|---|---|---|---|---|---|---|
| 品种名称 | 新麦 26 | 新麦 26 | 新麦 26 | 新麦 26 | 新麦 26 | 新麦 26 | 新麦 28 | 新麦 28 |
| 样品来源 | 河南建安 | 山东泰安 | 河北柏乡 | 河南郸城 | 河南延津 | 河南延津 | 河南滑县 | 安徽涡阳 |
| 达标类型 | G2/Z1 | G2/Z1 | Z3/MS | Z3/MS | Z3/MS | MS | MS | G1/Z2 |
| **籽粒** | | | | | | | | |
| 容重（g/L） | 804 | 789 | 807 | 809 | 775 | 790 | 869 | 847 |
| 水分（%） | 9.9 | 9.8 | 10.8 | 11.2 | 11.7 | 12.0 | 9.1 | 11.3 |
| 粗蛋白（%，干基） | 16.1 | 16.4 | 15.3 | 16.1 | 15.0 | 15.0 | 14.7 | 17.0 |
| 降落数值（s） | 561 | 416 | 410 | 399 | 419 | 494 | 436 | 454 |
| **面粉** | | | | | | | | |
| 出粉率（%） | 66.5 | 66.3 | 67.6 | 61.0 | 67.0 | 67.0 | 71.0 | 69.0 |
| 沉淀指数（mL） | | | | 38.0 | 42.0 | 41.0 | 32.0 | 36.0 |
| 湿面筋（%，14%湿基） | 34.4 | 33.7 | 30.9 | 30.6 | 30.3 | 28.4 | 28.9 | 35.4 |
| 面筋指数 | 99 | 98 | 100 | 96 | 97 | 99 | 92 | 84 |
| **面团** | | | | | | | | |
| 吸水量（mL/100g） | 65.1 | 67.3 | 65.9 | 63.1 | 64.2 | 64.4 | 61.9 | 66.2 |
| 形成时间（min） | 33.2 | 2.3 | 3.0 | 29.5 | 2.8 | 34.2 | 8.7 | 25.5 |
| 稳定时间（min） | 36.3 | 30.0 | 14.2 | 32.8 | 32.3 | 18.5 | 23.2 | 22.0 |
| 拉伸面积（$cm^2$，135min） | 168 | 165 | 177 | 167 | 159 | 176 | 116 | 138 |
| 延伸性（mm） | 162 | 159 | 168 | 158 | 172 | 173 | 198 | 180 |
| 最大拉伸阻力（E.U） | 774 | 854 | 792 | 810 | 725 | 796 | 549 | 623 |
| **烘焙评价** | | | | | | | | |
| 面包体积（mL） | 840 | 840 | 840 | 915 | 915 | | 810 | 780 |
| 面包评分 | 87 | 87 | 87 | 90 | 90 | | 82 | 81 |
| **蒸煮评价** | | | | | | | | |
| 面条评分 | | | | | | | | |

（续）

| 样品编号 | 210032 | 210093 | 210140 | 200097 | 210010 | 210130 | 210149 | 220178 |
|---|---|---|---|---|---|---|---|---|
| 品种名称 | 新麦 28 | 新麦 28 | 新麦 28 | 新麦 38 | 新麦 38 | 新麦 38 | 新麦 38 | 新麦 38 |
| 样品来源 | 河南滑县 | 安徽涡阳 | 河北柏乡 | 安徽涡阳 | 河南滑县 | 安徽涡阳 | 河北柏乡 | 河南滑县 |
| 达标类型 | — | G2/Z3 | Z3/MS | G2 | MS | G1/Z3 | MS | — |
| **籽粒** | | | | | | | | |
| 容重（g/L） | 840 | 840 | 826 | 824 | 817 | 837 | 816 | 850 |
| 水分（%） | 11.2 | 11.3 | 12.2 | 11.1 | 10.7 | 11.3 | 12.7 | 10.1 |
| 粗蛋白（%，干基） | 13.5 | 16.2 | 14.4 | 18.3 | 13.9 | 16.4 | 14.0 | 12.1 |
| 降落数值（s） | 408 | 380 | 390 | 440 | 478 | 369 | 454 | 376 |
| **面粉** | | | | | | | | |
| 出粉率（%） | 69.0 | 68.8 | 69.1 | 66.0 | 69.1 | 66.4 | 69.5 | 69.5 |
| 沉淀指数（mL） | 31.0 | 32.0 | 32.0 | 34.0 | 31.0 | 33.0 | 30.0 | |
| 湿面筋（%，14%湿基） | 25.8 | 34.9 | 29.3 | 39.1 | 28.2 | 35.0 | 28.9 | 21.6 |
| 面筋指数 | 96 | 79 | 98 | 63 | 94 | 89 | 91 | 97 |
| **面团** | | | | | | | | |
| 吸水量（mL/100g） | 60.0 | 63.1 | 59.9 | 67.8 | 61.0 | 61.2 | 59.0 | 64.3 |
| 形成时间（min） | 1.9 | 9.5 | 10.2 | 17.4 | 10.3 | 9.9 | 9.0 | 1.8 |
| 稳定时间（min） | 23.0 | 21.2 | 21.9 | 7.1 | 24.9 | 20.8 | 17.8 | 2.5 |
| 拉伸面积（$cm^2$，135min） | 142 | 106 | 135 | 169 | 103 | 102 | 105 | |
| 延伸性（mm） | 173 | 132 | 173 | 194 | 154 | 129 | 134 | |
| 最大拉伸阻力（E.U） | 733 | 618 | 664 | 688 | 542 | 598 | 582 | |
| **烘焙评价** | | | | | | | | |
| 面包体积（mL） | | 800 | | 800 | | 800 | | |
| 面包评分 | | 82 | | 86 | | 80 | | |
| **蒸煮评价** | | | | | | | | |
| 面条评分 | | | | | | | | |

（续）

| 样品编号 | 220234 | 220309 | 200046 | 200095 | 210002 | 210090 | 210159 | 210211 |
|---|---|---|---|---|---|---|---|---|
| 品种名称 | 新麦 38 | 新麦 38 | 新麦 45 | 新麦 45 | 新麦 45 | 新麦 45 | 新麦 45 | 新麦 45 |
| 样品来源 | 山东泰安 | 河北柏乡 | 河南滑县 | 安徽涡阳 | 河南滑县 | 安徽涡阳 | 河北柏乡 | 河南新乡 |
| 达标类型 | G2/Z2 | G2 | G2/Z1 | G1/Z3 | G2/Z1 | G1/Z1 | G2/Z2 | G1/Z2 |
| **籽粒** | | | | | | | | |
| 容重（g/L） | 803 | 813 | 849 | 817 | 819 | 820 | 809 | 803 |
| 水分（%） | 10.0 | 10.9 | 7.7 | 11.4 | 10.7 | 11.2 | 13.2 | 11.4 |
| 粗蛋白（%，干基） | 15.9 | 14.7 | 16.4 | 18.7 | 14.5 | 17.1 | 14.4 | 16.9 |
| 降落数值（s） | 369 | 363 | 417 | 416 | 495 | 457 | 415 | 445 |
| **面粉** | | | | | | | | |
| 出粉率（%） | 64.8 | 66.2 | 67.0 | 65.0 | 71.7 | 67.5 | 69.3 | 68.0 |
| 沉淀指数（mL） | | | 40.0 | 39.0 | 40.0 | 41.0 | 37.0 | 50.0 |
| 湿面筋（%，14%湿基） | 33.8 | 33.1 | 33.7 | 41.9 | 32.7 | 39.6 | 32.5 | 38.8 |
| 面筋指数 | 91 | 96 | 81 | 69 | 95 | 85 | 89 | 86 |
| **面团** | | | | | | | | |
| 吸水量（mL/100g） | 64.5 | 64.8 | 66.9 | 72.0 | 67.2 | 66.6 | 64.3 | 65.9 |
| 形成时间（min） | 24.8 | 6.9 | 19.9 | 17.0 | 24.2 | 20.8 | 10.7 | 9.7 |
| 稳定时间（min） | 27.4 | 10.6 | 19.4 | 10.2 | 21.0 | 25.3 | 21.0 | 24.9 |
| 拉伸面积（$cm^2$，135min） | 123 | 88 | 149 | 119 | 146 | 156 | 132 | 126 |
| 延伸性（mm） | 144 | 132 | 164 | 176 | 215 | 183 | 180 | 181 |
| 最大拉伸阻力（E.U） | 654 | 519 | 703 | 532 | 556 | 631 | 562 | 509 |
| **烘焙评价** | | | | | | | | |
| 面包体积（mL） | 820 | 820 | 840 | 820 | 915 | 915 | 915 | 915 |
| 面包评分 | 84 | 84 | 88 | 86 | 90 | 90 | 90 | 90 |
| **蒸煮评价** | | | | | | | | |
| 面条评分 | | | | | | | | |

（续）

| 样品编号 | 220162 | 220163 | 220164 | 220165 | 220193 | 220255 | 220314 | 210204 |
|---|---|---|---|---|---|---|---|---|
| 品种名称 | 新麦 45 | 新麦 45 | 新麦 45 | 新麦 45 | 新麦 45 | 新麦 45 | 新麦 45 | 新麦 58 |
| 样品来源 | 河南郸城 | 河南新乡 | 河南建安 | 河南辉县 | 河南滑县 | 山东泰安 | 河北柏乡 | 河北辛集 |
| 达标类型 | G1/Z2 | G1/Z1 | G1/Z2 | G1/Z2 | — | G1/Z1 | Z3/MS | G2/Z1 |
| **籽粒** | | | | | | | | |
| 容重（g/L） | 816 | 807 | 815 | 801 | 832 | 774 | 814 | 812 |
| 水分（%） | 9.3 | 9.8 | 10.1 | 10.2 | 10.1 | 11.0 | 10.3 | 11.3 |
| 粗蛋白（%，干基） | 16.4 | 17.7 | 15.4 | 15.4 | 11.1 | 16.3 | 14.5 | 16.4 |
| 降落数值（s） | 532 | 550 | 588 | 572 | 471 | 397 | 397 | 453 |
| **面粉** | | | | | | | | |
| 出粉率（%） | 65.7 | 65.9 | 66.7 | 65.1 | 66.6 | 67.2 | 69.2 | 66.0 |
| 沉淀指数（mL） | | | | | | | | 59.0 |
| 湿面筋（%，14%湿基） | 38.1 | 39.0 | 35.9 | 35.5 | 21.4 | 38.2 | 30.9 | 34.8 |
| 面筋指数 | 86 | 91 | 84 | 92 | 99 | 90 | 99 | 97 |
| **面团** | | | | | | | | |
| 吸水量（mL/100g） | 66.4 | 63.3 | 66.1 | 66.5 | 65.2 | 67.9 | 63.4 | 62.6 |
| 形成时间（min） | 8.0 | 23.3 | 18.5 | 13.7 | 1.8 | 6.3 | 8.3 | 8.5 |
| 稳定时间（min） | 23.9 | 28.2 | 23.4 | 24.1 | 1.6 | 20.8 | 19.5 | 28.0 |
| 拉伸面积（$cm^2$，135min） | 139 | 144 | 130 | 138 | | 145 | 146 | 185 |
| 延伸性（mm） | 169 | 173 | 167 | 165 | | 188 | 169 | 181 |
| 最大拉伸阻力（E.U） | 613 | 620 | 589 | 644 | | 635 | 643 | 833 |
| **烘焙评价** | | | | | | | | |
| 面包体积（mL） | 810 | 810 | 810 | 810 | | 810 | 810 | 860 |
| 面包评分 | 83 | 83 | 83 | 83 | | 83 | 83 | 88 |
| **蒸煮评价** | | | | | | | | |
| 面条评分 | | | | | | | | |

（续）

| 样品编号 | 220188 | 220241 | 220315 | 210212 | 200017 | Pm210104 | 200195 | 210041 |
|---|---|---|---|---|---|---|---|---|
| 品种名称 | 新麦 58 | 新麦 58 | 新麦 58 | 新麦 65 | 徐麦 32 | 烟农 5158 | 扬麦 29 | 扬麦 29 |
| 样品来源 | 河南滑县 | 山东泰安 | 河北柏乡 | 河南新乡 | 河南滑县 | 山东荣成 | 江苏大丰 | 江苏南通 |
| 达标类型 | — | G1/Z2 | G2/Z1 | MS | — | — | G2/Z2 | G1 |
| **籽粒** | | | | | | | | |
| 容重（g/L） | 840 | 775 | 805 | 789 | 858 | 811 | 786 | 787 |
| 水分（%） | 10.1 | 10.1 | 10.3 | 11.7 | 9.0 | 13.1 | 11.0 | 11.7 |
| 粗蛋白（%，干基） | 13.5 | 16.5 | 14.4 | 14.8 | 14.3 | 11.0 | 15.8 | 16.5 |
| 降落数值（s） | 435 | 398 | 405 | 505 | 332 | 401 | 378 | 506 |
| **面粉** | | | | | | | | |
| 出粉率（%） | 66.6 | 63.6 | 64.4 | 68.2 | 70.0 | 74.0 | 71.0 | 68.2 |
| 沉淀指数（mL） | | | | 60.0 | 32.0 | 26.0 | 33.5 | 49.0 |
| 湿面筋（%，14%湿基） | 27.0 | 35.4 | 33.2 | 30.1 | 27.7 | 26.5 | 33.5 | 37.0 |
| 面筋指数 | 99 | 95 | 99 | 97 | 83 | 68 | 93 | 91 |
| **面团** | | | | | | | | |
| 吸水量（mL/100g） | 64.7 | 64.1 | 65.9 | 62.6 | 62.4 | 58.5 | 61.1 | 63.0 |
| 形成时间（min） | 2.5 | 5.7 | 5.2 | 9.4 | 5.7 | 2.0 | 9.7 | 11.0 |
| 稳定时间（min） | 12.9 | 14.8 | 16.9 | 25.1 | 20.2 | 7.2 | 14.3 | 26.1 |
| 拉伸面积（$cm^2$，135min） | 184 | 145 | 140 | 184 | 91 | 86 | 184 | 174 |
| 延伸性（mm） | 163 | 146 | 150 | 167 | 148 | 121 | 187 | 197 |
| 最大拉伸阻力（E.U） | 871 | 728 | 718 | 822 | 480 | 607 | 875 | 676 |
| **烘焙评价** | | | | | | | | |
| 面包体积（mL） | | 790 | 790 | 870 | | | 850 | 920 |
| 面包评分 | | 80 | 80 | 90 | | | 88 | 92 |
| **蒸煮评价** | | | | | | | | |
| 面条评分 | | | | | | | | |

（续）

| 样品编号 | 220108 | 220217 | 210074 | 220102 | 220110 | 200194 | 210052 | 210064 |
|---|---|---|---|---|---|---|---|---|
| 品种名称 | 扬麦 29 | 镇 16259 | 镇麦 10 | 镇麦 10 | 镇麦 10 | 镇麦 12 | 镇麦 12 | 镇麦 12 |
| 样品来源 | 江苏丹阳 | 安徽阜阳 | 江苏盐城 | 江苏建湖 | 江苏如皋 | 江苏海安 | 江苏泰州 | 江苏扬州 |
| 达标类型 | Z2 | Z1 | Z3/MS | MS | — | G2/Z3 | G2/Z3 | — |
| **籽粒** | | | | | | | | |
| 容重（g/L） | 819 | 800 | 797 | 815 | 793 | 779 | 782 | 759 |
| 水分（%） | 10.1 | 10.4 | 12.2 | 10.2 | 9.8 | 11.1 | 11.5 | 11.7 |
| 粗蛋白（%，干基） | 14.8 | 16.9 | 14.4 | 13.5 | 10.7 | 15.9 | 15.9 | 16.1 |
| 降落数值（s） | 418 | 421 | 472 | 484 | 407 | 415 | 361 | 355 |
| **面粉** | | | | | | | | |
| 出粉率（%） | 66.4 | 67.4 | 67.8 | 67.2 | 65.9 | 64.0 | 64.6 | 66.5 |
| 沉淀指数（mL） | | | 37.0 | | | 42.0 | 38.0 | 38.0 |
| 湿面筋（%，14%湿基） | 33.5 | 35.8 | 31.0 | 30.8 | 23.0 | 34.4 | 33.2 | 36.1 |
| 面筋指数 | 86 | 95 | 93 | 74 | 73 | 75 | 94 | 78 |
| **面团** | | | | | | | | |
| 吸水量（mL/100g） | 66.8 | 67.8 | 62.6 | 63.0 | 57.5 | 67.3 | 64.6 | 68.2 |
| 形成时间（min） | 6.7 | 10.3 | 2.4 | 3.0 | 1.7 | 7.6 | 7.8 | 5.3 |
| 稳定时间（min） | 13.9 | 20.2 | 16.1 | 6.9 | 3.6 | 11.8 | 8.4 | 6.0 |
| 拉伸面积（$cm^2$，135min） | 154 | 158 | 160 | | | 131 | 136 | |
| 延伸性（mm） | 170 | 166 | 160 | | | 187 | 135 | |
| 最大拉伸阻力（E.U） | 703 | 723 | 756 | | | 577 | 755 | |
| **烘焙评价** | | | | | | | | |
| 面包体积（mL） | | | 850 | | | 790 | 850 | |
| 面包评分 | | | 85 | | | 81 | 82 | |
| **蒸煮评价** | | | | | | | | |
| 面条评分 | | | | | | | | |

（续）

| 样品编号 | 220090 | 220098 | 220100 | 220148 | 200001 | 200071 | 200156 | 210018 |
|---|---|---|---|---|---|---|---|---|
| 品种名称 | 镇麦 12 | 镇麦 12 | 镇麦 12 | 镇麦 18 | 郑麦 158 | 郑麦 158 | 郑麦 158 | 郑麦 158 |
| 样品来源 | 江苏大丰 | 江苏宝应 | 江苏如东 | 江苏盐都 | 河南滑县 | 山东泰安 | 河北柏乡 | 河南滑县 |
| 达标类型 | Z2 | — | MS | Z2 | — | Z2 | Z2 | — |
| **籽粒** | | | | | | | | |
| 容重（g/L） | 810 | 831 | 820 | 806 | 845 | 807 | 847 | 840 |
| 水分（%） | 11.4 | 9.9 | 10.2 | 10.3 | 9.3 | 11.2 | 10.5 | 11.1 |
| 粗蛋白（%，干基） | 14.9 | 10.9 | 13.6 | 17.7 | 14.4 | 15.5 | 15.0 | 13.0 |
| 降落数值（s） | 432 | 390 | 425 | 458 | 406 | 370 | 419 | 396 |
| **面粉** | | | | | | | | |
| 出粉率（%） | 68.3 | 65.7 | 67.2 | 65.1 | 73.0 | 69.0 | 69.0 | 68.8 |
| 沉淀指数（mL） | | | | | 40.0 | 36.0 | 39.0 | 34.0 |
| 湿面筋（%，14%湿基） | 31.9 | 22.2 | 28.5 | 37.7 | 27.9 | 35.7 | 32.4 | 27.1 |
| 面筋指数 | 89 | 99 | 97 | 79 | 97 | 84 | 84 | 97 |
| **面团** | | | | | | | | |
| 吸水量（mL/100g） | 64.2 | 62.5 | 64.7 | 66.1 | 62.0 | 62.9 | 62.3 | 60.8 |
| 形成时间（min） | 2.2 | 1.9 | 2.0 | 8.3 | 9.2 | 7.3 | 6.0 | 7.2 |
| 稳定时间（min） | 17.5 | 2.6 | 13.0 | 26.3 | 14.1 | 15.0 | 12.3 | 12.5 |
| 拉伸面积（$cm^2$，135min） | 114 | | 123 | 132 | 120 | 121 | 116 | 120 |
| 延伸性（mm） | 146 | | 147 | 164 | 173 | 160 | 170 | 162 |
| 最大拉伸阻力（E.U） | 594 | | 680 | 609 | 617 | 585 | 526 | 566 |
| **烘焙评价** | | | | | | | | |
| 面包体积（mL） | | | | | 750 | 750 | 750 | |
| 面包评分 | | | | | 79 | 79 | 79 | |
| **蒸煮评价** | | | | | | | | |
| 面条评分 | 81 | | 81 | | | | | |

（续）

| 样品编号 | 200014 | 200124 | 220159 | 220201 | 220328 | 220487 | 200020 | 200126 |
|---|---|---|---|---|---|---|---|---|
| 品种名称 | 郑品优 9 号 | 郑品优 9 号 | 郑品优 9 号 | 郑品优 9 号 | 郑品优 9 号 | 郑品优 9 号 | 中麦 255 | 中麦 255 |
| 样品来源 | 河南滑县 | 安徽涡阳 | 河南辉县 | 河南滑县 | 安徽涡阳 | 河南辉县 | 河南滑县 | 安徽涡阳 |
| 达标类型 | Z3/MS | G2/Z1 | MS | Z3/MS | Z2 | — | G2/Z1 | G2/Z1 |
| **籽粒** | | | | | | | | |
| 容重（g/L） | 849 | 832 | 832 | 828 | 830 | 846 | 839 | 808 |
| 水分（%） | 8.4 | 11.5 | 9.4 | 10.1 | 10.9 | 9.3 | 8.6 | 11.3 |
| 粗蛋白（%，干基） | 15.4 | 15.5 | 13.5 | 13.3 | 15.4 | 13.6 | 15.8 | 17.5 |
| 降落数值（s） | 415 | 439 | 468 | 432 | 420 | 413 | 423 | 387 |
| **面粉** | | | | | | | | |
| 出粉率（%） | 69.0 | 68.0 | 67.2 | 68.4 | 68.6 | 70.2 | 71.0 | 62.0 |
| 沉淀指数（mL） | 37.0 | 39.0 | | | | | 39.0 | 41.0 |
| 湿面筋（%，14%湿基） | 29.8 | 32.4 | 28.0 | 29.3 | 31.6 | 27.3 | 32.9 | 33.6 |
| 面筋指数 | 95 | 85 | 96 | 97 | 98 | 98 | 89 | 90 |
| **面团** | | | | | | | | |
| 吸水量（mL/100g） | 65.4 | 66.6 | 63.1 | 67.4 | 65.9 | 65.8 | 61.0 | 60.7 |
| 形成时间（min） | 6.0 | 20.4 | 5.8 | 6.2 | 9.0 | 7.0 | 29.8 | 9.8 |
| 稳定时间（min） | 11.7 | 20.7 | 11.8 | 20.7 | 20.0 | 16.1 | 31.9 | 30.8 |
| 拉伸面积（$cm^2$，135min） | 134 | 154 | 108 | 123 | 119 | 117 | 171 | 163 |
| 延伸性（mm） | 178 | 187 | 155 | 152 | 164 | 157 | 177 | 167 |
| 最大拉伸阻力（E.U） | 600 | 656 | 504 | 601 | 548 | 568 | 741 | 759 |
| **烘焙评价** | | | | | | | | |
| 面包体积（mL） | 830 | 820 | 770 | 770 | 770 | | 830 | 830 |
| 面包评分 | 82 | 85 | 79 | 79 | 79 | | 83 | 83 |
| **蒸煮评价** | | | | | | | | |
| 面条评分 | | | 87 | 87 | 87 | | | |

（续）

| 样品编号 | 210004 | 210098 | 210146 | 220068 | 220069 | 220070 | 220071 | 200029 |
|---|---|---|---|---|---|---|---|---|
| 品种名称 | 中麦 255 | 中麦 255 | 中麦 255 | 中麦 255 | 中麦 255 | 中麦 255 | 中麦 255 | 中麦 578 |
| 样品来源 | 河南滑县 | 安徽涡阳 | 河北柏乡 | 河南安阳 | 河南新乡 | 河南周口 | 安徽蒙城 | 河南滑县 |
| 达标类型 | G2/Z1 | G2/Z1 | Z2 | MG | MG | MG | MG | G2/Z1 |
| **籽粒** | | | | | | | | |
| 容重（g/L） | 815 | 828 | 805 | 810 | 809 | 809 | 809 | 843 |
| 水分（%） | 10.4 | 11.5 | 12.8 | 10.4 | 10.4 | 10.4 | 10.4 | 8.6 |
| 粗蛋白（%，干基） | 15.5 | 15.8 | 14.4 | 15.1 | 15.5 | 15.0 | 14.9 | 16.0 |
| 降落数值（s） | 481 | 372 | 405 | 593 | 493 | 521 | 502 | 452 |
| **面粉** | | | | | | | | |
| 出粉率（%） | 69.9 | 70.1 | 71.0 | 71.1 | 70.4 | 70.6 | 70.2 | 73 |
| 沉淀指数（mL） | 37.0 | 40.0 | 35.0 | | | | | 39.5 |
| 湿面筋（%，14%湿基） | 32.7 | 33.5 | 31.6 | 32.2 | 32.3 | 32.3 | 32.3 | 33.4 |
| 面筋指数 | 98 | 97 | 97 | 98 | 98 | 100 | 98 | 92 |
| **面团** | | | | | | | | |
| 吸水量（mL/100g） | 60.0 | 59.3 | 58.1 | 69.7 | 68.4 | 68.7 | 66.6 | 62.1 |
| 形成时间（min） | 24.5 | 2.8 | 12.4 | 2.3 | 2.0 | 2.2 | 2.0 | 8.2 |
| 稳定时间（min） | 37.2 | 25.6 | 22.7 | 3.1 | 3.0 | 3.2 | 3.5 | 17.9 |
| 拉伸面积（$cm^2$，135min） | 208 | 158 | 149 | | | | | 140 |
| 延伸性（mm） | 203 | 167 | 162 | | | | | 177 |
| 最大拉伸阻力（E.U） | 780 | 726 | 721 | | | | | 639 |
| **烘焙评价** | | | | | | | | |
| 面包体积（mL） | 870 | 870 | 870 | | | | | 780 |
| 面包评分 | 89 | 89 | 89 | | | | | 81 |
| **蒸煮评价** | | | | | | | | |
| 面条评分 | | | | | | | | |

（续）

| 样品编号 | 200062 | 200099 | 200177 | 210024 | 210125 | 210141 | 210200 | 210213 |
|---|---|---|---|---|---|---|---|---|
| 品种名称 | 中麦 578 | 中麦 578 | 中麦 578 | 中麦 578 | 中麦 578 | 中麦 578 | 中麦 578 | 中麦 578 |
| 样品来源 | 山东泰安 | 安徽涡阳 | 河北柏乡 | 河南滑县 | 安徽涡阳 | 河北柏乡 | 河南濮阳 | 河南洛阳 |
| 达标类型 | G1/Z1 | G1/Z1 | G1/Z2 | Z3/MS | Z2 | Z3/MS | Z2 | G2/Z2 |
| **籽粒** | | | | | | | | |
| 容重（g/L） | 809 | 813 | 824 | 826 | 836 | 818 | 797 | 810 |
| 水分（%） | 10.8 | 11.3 | 9.7 | 11.0 | 11.4 | 12.3 | 12.2 | 11.9 |
| 粗蛋白（%，干基） | 17.5 | 16.3 | 16.2 | 14.0 | 14.8 | 13.8 | 14.6 | 15.7 |
| 降落数值（s） | 456 | 487 | 442 | 404 | 426 | 450 | 405 | 435 |
| **面粉** | | | | | | | | |
| 出粉率（%） | 71.0 | 70.0 | 71.0 | 70.9 | 71.8 | 73.0 | 71.8 | 71.1 |
| 沉淀指数（mL） | 44.0 | 43.0 | 38.0 | 40.0 | 40.0 | 35.0 | 35.0 | 40.0 |
| 湿面筋（%，14%湿基） | 39.2 | 35.9 | 35.4 | 30.4 | 31.1 | 29.8 | 31.2 | 34.3 |
| 面筋指数 | 83 | 85 | 81 | 98 | 97 | 96 | 96 | 92 |
| **面团** | | | | | | | | |
| 吸水量（mL/100g） | 62.5 | 63.7 | 61.6 | 62.4 | 63.3 | 59.0 | 62.2 | 61.0 |
| 形成时间（min） | 10.4 | 15.4 | 7.8 | 2.2 | 2.7 | 8.3 | 8.5 | 11.2 |
| 稳定时间（min） | 20.5 | 28.9 | 12.7 | 18.2 | 25.0 | 20.2 | 18.2 | 19.4 |
| 拉伸面积（$cm^2$，135min） | 153 | 161 | 127 | 160 | 152 | 130 | 142 | 133 |
| 延伸性（mm） | 169 | 168 | 207 | 169 | 166 | 159 | 169 | 139 |
| 最大拉伸阻力（E.U） | 673 | 734 | 553 | 724 | 702 | 613 | 617 | 745 |
| **烘焙评价** | | | | | | | | |
| 面包体积（mL） | 800 | 800 | 830 | 905 | 905 | | 905 | 905 |
| 面包评分 | 83 | 83 | 85 | 92 | 92 | | 92 | 92 |
| **蒸煮评价** | | | | | | | | |
| 面条评分 | | | | | | | | |

（续）

| 样品编号 | 210214 | 210215 | 210216 | 210217 | 210218 | 210219 | 210220 | 210221 |
|---|---|---|---|---|---|---|---|---|
| 品种名称 | 中麦 578 | 中麦 578 | 中麦 578 | 中麦 578 | 中麦 578 | 中麦 578 | 中麦 578 | 中麦 578 |
| 样品来源 | 河南驻马店 | 山东惠民 | 山东平度 | 安徽濉溪 | 山东淄博 | 安徽宿州 | 山东德州 | 山东桓台 |
| 达标类型 | G2/Z1 | G2/Z2 | G2/Z1 | G1/Z1 | G2/Z2 | G2/Z1 | G2/Z2 | G2/Z1 |
| **籽粒** | | | | | | | | |
| 容重（g/L） | 807 | 784 | 801 | 805 | 789 | 809 | 814 | 805 |
| 水分（%） | 12.0 | 12.0 | 11.4 | 11.6 | 11.8 | 11.7 | 11.1 | 11.3 |
| 粗蛋白（%，干基） | 15.4 | 14.9 | 15.7 | 15.7 | 15.2 | 16.2 | 15.1 | 15.6 |
| 降落数值（s） | 420 | 407 | 419 | 413 | 422 | 426 | 432 | 429 |
| **面粉** | | | | | | | | |
| 出粉率（%） | 69.7 | 70.8 | 69.7 | 70.1 | 70.3 | 71.4 | 71.9 | 70.8 |
| 沉淀指数（mL） | 38.0 | 39.0 | 40.0 | 42.0 | 40.0 | 39.0 | 38.0 | 41.0 |
| 湿面筋（%，14%湿基） | 33.0 | 34.5 | 34.1 | 35.0 | 33.8 | 34.6 | 34.1 | 33.7 |
| 面筋指数 | 93 | 92 | 93 | 95 | 86 | 93 | 88 | 95 |
| **面团** | | | | | | | | |
| 吸水量（mL/100g） | 60.7 | 62.6 | 63.4 | 63.3 | 62.5 | 63.6 | 62.4 | 63.1 |
| 形成时间（min） | 12.7 | 7.8 | 13.3 | 12.5 | 8.3 | 19.3 | 10.4 | 12.5 |
| 稳定时间（min） | 25.7 | 12.3 | 18.5 | 22.4 | 15.4 | 27.4 | 13.5 | 22.4 |
| 拉伸面积（$cm^2$，135min） | 156 | 128 | 154 | 146 | 134 | 201 | 142 | 156 |
| 延伸性（mm） | 163 | 175 | 160 | 148 | 163 | 154 | 170 | 169 |
| 最大拉伸阻力（E.U） | 727 | 565 | 736 | 760 | 634 | 1020 | 634 | 691 |
| **烘焙评价** | | | | | | | | |
| 面包体积（mL） | 905 | 905 | 905 | 905 | 905 | 905 | 905 | 905 |
| 面包评分 | 92 | 92 | 92 | 92 | 92 | 92 | 92 | 92 |
| **蒸煮评价** | | | | | | | | |
| 面条评分 | | | | | | | | |

（续）

| 样品编号 | 220024 | 220025 | 220026 | 220027 | 220171 | 220219 | 220288 | 200178 |
|---|---|---|---|---|---|---|---|---|
| 品种名称 | 中麦 578 | 中麦 578 | 中麦 578 | 中麦 578 | 中麦 578 | 中麦 578 | 中麦 578 | 中麦 886 |
| 样品来源 | 陕西武功 | 河北南和 | 河南正阳 | 安徽涡阳 | 河南滑县 | 河南南乐 | 河北柏乡 | 河北柏乡 |
| 达标类型 | Z3/MS | G1/Z2 | G2/Z2 | Z3/MS | — | Z3/MS | MG | G1/Z2 |
| **籽粒** | | | | | | | | |
| 容重（g/L） | 814 | 810 | 813 | 812 | 844 | 836 | 821 | 851 |
| 水分（%） | 10.7 | 10.4 | 10.5 | 10.5 | 10.2 | 10.5 | 10.4 | 10.3 |
| 粗蛋白（%，干基） | 14.1 | 15.2 | 14.8 | 14.3 | 13.6 | 14.0 | 15.4 | 16.4 |
| 降落数值（s） | 422 | 486 | 449 | 406 | 439 | 453 | 390 | 389 |
| **面粉** | | | | | | | | |
| 出粉率（%） | 67.8 | 65.5 | 67.8 | 67.2 | 71.6 | 70.9 | 69.7 | 68.0 |
| 沉淀指数（mL） | | | | | | | | 40.0 |
| 湿面筋（%，14%湿基） | 30.0 | 35.5 | 35.6 | 30.9 | 26.8 | 30.6 | 27.1 | 35.4 |
| 面筋指数 | 94 | 87 | 94 | 98 | 99 | 98 | 100 | 79 |
| **面团** | | | | | | | | |
| 吸水量（mL/100g） | 66.0 | 61.1 | 62.5 | 62.2 | 65.0 | 64.1 | 61.6 | 61.4 |
| 形成时间（min） | 8.8 | 9.0 | 10.2 | 10.0 | 2.2 | 10.0 | 1.7 | 6.5 |
| 稳定时间（min） | 14.3 | 14.3 | 15.6 | 16.2 | 11.7 | 16.6 | 4.7 | 12.9 |
| 拉伸面积（$cm^2$，135min） | 105 | 124 | 122 | 115 | 151 | 127 | | 123 |
| 延伸性（mm） | 187 | 180 | 174 | 167 | 165 | 151 | | 171 |
| 最大拉伸阻力（E.U） | 434 | 527 | 518 | 521 | 705 | 652 | | 570 |
| **烘焙评价** | | | | | | | | |
| 面包体积（mL） | 800 | 800 | 800 | 800 | | 800 | | 800 |
| 面包评分 | 83 | 83 | 83 | 83 | | 83 | | 81 |
| **蒸煮评价** | | | | | | | | |
| 面条评分 | | | | | | | | |

（续）

| 样品编号 | 210137 | 210163 | 200037 | 200105 | 210013 | 210129 | 200012 | 200086 |
|---|---|---|---|---|---|---|---|---|
| 品种名称 | 中麦 886 | 中信麦 68 | 周麦 33 | 周麦 33 | 周麦 33 | 周麦 33 | 周麦 36 | 周麦 36 |
| 样品来源 | 河北柏乡 | 河北柏乡 | 河南滑县 | 安徽涡阳 | 河南滑县 | 安徽涡阳 | 河南滑县 | 山东泰安 |
| 达标类型 | Z3/MS | MS | Z3/MS | Z2 | MS | Z2 | MS | Z3/MS |
| **籽粒** | | | | | | | | |
| 容重（g/L） | 828 | 826 | 854 | 836 | 840 | 841 | 844 | 795 |
| 水分（%） | 13.2 | 13.5 | 9.6 | 11.4 | 10.8 | 12.0 | 8.8 | 11.0 |
| 粗蛋白（%，干基） | 13.9 | 13.1 | 14.3 | 16.0 | 13.6 | 14.5 | 14.5 | 15.6 |
| 降落数值（s） | 370 | 401 | 433 | 499 | 430 | 413 | 420 | 369 |
| **面粉** | | | | | | | | |
| 出粉率（%） | 69.7 | 69.0 | 67.0 | 67.0 | 69.1 | 68.3 | 70.0 | 69.0 |
| 沉淀指数（mL） | 33.0 | 35.0 | 34.0 | 38.0 | 31.0 | 35.0 | 30.5 | 29.0 |
| 湿面筋（%，14%湿基） | 29.1 | 28.1 | 29.2 | 34.5 | 28.8 | 31.1 | 29.0 | 33.8 |
| 面筋指数 | 97 | 96 | 86 | 84 | 96 | 93 | 86 | 64 |
| **面团** | | | | | | | | |
| 吸水量（mL/100g） | 60.6 | 59.4 | 63.4 | 65.5 | 62.7 | 62.9 | 56.4 | 58.2 |
| 形成时间（min） | 10.7 | 2.5 | 7.7 | 10.0 | 2.9 | 4.1 | 7.5 | 5.4 |
| 稳定时间（min） | 17.8 | 21.7 | 11.4 | 19.4 | 13.9 | 16.4 | 14.5 | 10.0 |
| 拉伸面积（$cm^2$，135min） | 165 | 162 | 113 | 135 | 119 | 112 | 93 | 112 |
| 延伸性（mm） | 136 | 154 | 178 | 180 | 146 | 142 | 137 | 171 |
| 最大拉伸阻力（E.U） | 933 | 811 | 590 | 660 | 611 | 609 | 576 | 490 |
| **烘焙评价** | | | | | | | | |
| 面包体积（mL） | | | 720 | 720 | | 835 | 710 | 710 |
| 面包评分 | | | 71 | 71 | | 86 | 68 | 68 |
| **蒸煮评价** | | | | | | | | |
| 面条评分 | | | | | | | | |

（续）

| 样品编号 | 200106 | 200144 | 210006 | 200205 | 220427 | 220424 | 220425 | 200206 |
|---|---|---|---|---|---|---|---|---|
| 品种名称 | 周麦 36 | 周麦 36 | 周麦 36 | 904 | ZY－10 | ZY－19 | ZY－22 | ZY26－1 |
| 样品来源 | 安徽涡阳 | 河北柏乡 | 河南滑县 | 河南郑州 | 河南惠济 | 河南惠济 | 河南惠济 | 河南郑州 |
| 达标类型 | MS | MS | MS | Z3/MS | MS | MS | MS | — |
| **籽粒** | | | | | | | | |
| 容重（g/L） | 812 | 800 | 824 | 836 | 801 | 848 | 839 | 800 |
| 水分（%） | 11.0 | 10.9 | 10.8 | 11.4 | 10.9 | 10.4 | 10.0 | 10.2 |
| 粗蛋白（%，干基） | 17.7 | 16.4 | 14.2 | 13.5 | 16.2 | 15.0 | 15.2 | 14.6 |
| 降落数值（s） | 467 | 422 | 430 | 333 | 389 | 429 | 321 | 334 |
| **面粉** | | | | | | | | |
| 出粉率（%） | 69.0 | 71.0 | 68.4 | 72.0 | 66.5 | 70.2 | 66.7 | 64.0 |
| 沉淀指数（mL） | 34.0 | 33.0 | 31.0 | 32.0 | | | | 45.0 |
| 湿面筋（%，14%湿基） | 39.1 | 35.9 | 30.0 | 29.2 | 31.0 | 33.7 | 34.5 | 27.1 |
| 面筋指数 | 57 | 58 | 75 | 83 | 100 | 82 | 84 | 98 |
| **面团** | | | | | | | | |
| 吸水量（mL/100g） | 64.5 | 57.5 | 59.4 | 61.7 | 65.9 | 62.2 | 65.1 | 64.8 |
| 形成时间（min） | 8.7 | 4.2 | 6.7 | 7.7 | 2.8 | 7.2 | 5.5 | 3.0 |
| 稳定时间（min） | 6.7 | 8.8 | 14.6 | 11.6 | 20.0 | 14.6 | 11.6 | 28.8 |
| 拉伸面积（$cm^2$，135min） | | 62 | 87 | 157 | 220 | 101 | 94 | 206 |
| 延伸性（mm） | | 135 | 137 | 165 | 152 | 135 | 164 | 137 |
| 最大拉伸阻力（E. U） | | 329 | 496 | 905 | 1127 | 551 | 436 | 1191 |
| **烘焙评价** | | | | | | | | |
| 面包体积（mL） | 710 | 710 | 800 | 750 | 930 | 760 | 740 | 850 |
| 面包评分 | 68 | 68 | 80 | 79 | 94 | 79 | 72 | 88 |
| **蒸煮评价** | | | | | | | | |
| 面条评分 | | | | | | | | |

（续）

| 样品编号 | 200204 |
| --- | --- |
| 品种名称 | ZY26－6 |
| 样品来源 | 河南郑州 |
| 达标类型 | Z2 |
| **籽粒** | |
| 容重（g/L） | 815 |
| 水分（%） | 10.3 |
| 粗蛋白（%，干基） | 16.1 |
| 降落数值（s） | 335 |
| **面粉** | |
| 出粉率（%） | 67.0 |
| 沉淀指数（mL） | 45.0 |
| 湿面筋（%，14%湿基） | 31.9 |
| 面筋指数 | 94 |
| **面团** | |
| 吸水量（mL/100g） | 63.5 |
| 形成时间（min） | 17.0 |
| 稳定时间（min） | 26.5 |
| 拉伸面积（$cm^2$，135min） | 190 |
| 延伸性（mm） | 181 |
| 最大拉伸阻力（E.U） | 824 |
| **烘焙评价** | |
| 面包体积（mL） | 830 |
| 面包评分 | 87 |
| **蒸煮评价** | |
| 面条评分 | |

# 3 中强筋小麦

## 3.1 品质综合指标

中强筋小麦样品中，达到优质强筋小麦标准（G）的样品 15 份，达到郑州商品交易所优质强筋小麦交割标准（Z）的样品 84 份，达到中强筋小麦标准（MS）的样品 119 份，达到中筋小麦标准（MG）的样品 113 份，未达标（—）样品 69 份。中强筋小麦主要品质指标特性如图 3-1所示。

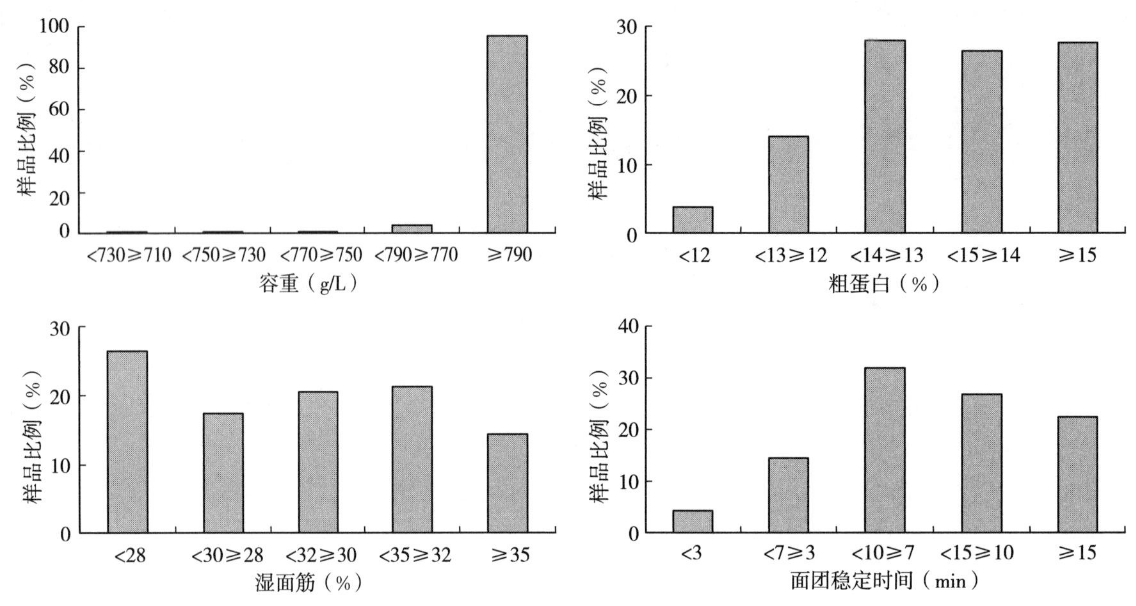


图 3-1 中强筋小麦主要品质指标特性

## 3.2 样本质量

2020—2022年中国中强筋小麦样品品质分析统计如表3-1所示。

**表3-1 2020—2022年中国中强筋小麦样品品质分析统计**

| 样品编号 | 210026 | 210115 | 210161 | 200108 | 200107 | 200122 | 200030 | 200075 |
|---|---|---|---|---|---|---|---|---|
| 品种名称 | 艾麦24 | 艾麦24 | 艾麦24 | 安科157 | 安科1605 | 存麦11矮 | 岱麦366 | 岱麦366 |
| 样品来源 | 河南滑县 | 安徽涡阳 | 河北柏乡 | 安徽涡阳 | 安徽涡阳 | 安徽涡阳 | 河南滑县 | 山东泰安 |
| 达标类型 | — | Z2 | MS | MS | MS | Z3/MS | MS | Z3/MS |
| **籽粒** | | | | | | | | |
| 容重（g/L） | 812 | 828 | 813 | 841 | 838 | 795 | 854 | 813 |
| 水分（%） | 11.2 | 11.4 | 12.3 | 11.5 | 11.2 | 11.6 | 9.1 | 11.0 |
| 粗蛋白（%，干基） | 13.3 | 15.4 | 13.6 | 16.2 | 16.2 | 16.2 | 13.2 | 14.7 |
| 降落数值（s） | 454 | 418 | 413 | 554 | 572 | 461 | 417 | 391 |
| **面粉** | | | | | | | | |
| 出粉率（%） | 68.4 | 66.8 | 67.1 | 69.0 | 69.0 | 67.0 | 73.0 | 71.0 |
| 沉淀指数（mL） | 33.0 | 38.0 | 31.0 | 36.0 | 36.5 | 36.0 | 29.0 | 32.0 |
| 湿面筋（%，14%湿基） | 26.8 | 34.1 | 28.4 | 37.5 | 37.4 | 36.7 | 28.1 | 33.6 |
| 面筋指数 | 98 | 89 | 92 | 74 | 69 | 61 | 82 | 72 |
| **面团** | | | | | | | | |
| 吸水量（mL/100g） | 59.9 | 59.7 | 58.9 | 68.3 | 68.1 | 62.6 | 58.7 | 61.3 |
| 形成时间（min） | 2.3 | 9.2 | 8.5 | 6.5 | 6.5 | 12.7 | 1.7 | 7.9 |
| 稳定时间（min） | 13.1 | 19.2 | 12.5 | 17.4 | 17.4 | 11.5 | 12.3 | 11.7 |
| 拉伸面积（$cm^2$，135min） | 106 | 125 | 111 | 104 | 107 | 98 | 111 | 129 |
| 延伸性（mm） | 146 | 144 | 133 | 160 | 164 | 130 | 120 | 148 |
| 最大拉伸阻力（E.U） | 597 | 678 | 629 | 477 | 491 | 597 | 737 | 729 |
| **烘焙评价** | | | | | | | | |
| 面包体积（mL） | | 760 | | 700 | 700 | 770 | 750 | 750 |
| 面包评分 | | 68 | | 62 | 62 | 78 | 73 | 73 |
| **蒸煮评价** | | | | | | | | |
| 面条评分 | | | | | | | | |

（续）

| 样品编号 | 200143 | 220386 | 220398 | 220065 | 220422 | 200158 | 210142 | 200031 |
|---|---|---|---|---|---|---|---|---|
| 品种名称 | 岱麦 366 | 岱麦 366 | 岱麦 366 | 泛麦 8 号 | 泛麦 8 号 | 辐照 6002 | 辐照 6002 | 藁优 5818 |
| 样品来源 | 河北柏乡 | 山东冠县 | 山东莒县 | 河南周口 | 安徽涡阳 | 河北柏乡 | 河北柏乡 | 河南滑县 |
| 达标类型 | Z3/MS | — | Z2 | — | — | Z3/MS | — | — |
| **籽粒** | | | | | | | | |
| 容重（g/L） | 839 | 828 | 788 | 842 | 829 | 833 | 807 | 850 |
| 水分（%） | 11.0 | 11.7 | 10.5 | 10.4 | 11.8 | 10.1 | 12.9 | 9.1 |
| 粗蛋白（%，干基） | 15.3 | 12.3 | 14.1 | 13.1 | 14.9 | 14.8 | 12.9 | 13.7 |
| 降落数值（s） | 391 | 352 | 360 | 442 | 425 | 395 | 399 | 343 |
| **面粉** | | | | | | | | |
| 出粉率（%） | 73.0 | 71.0 | 69.1 | 65.3 | 65.3 | 72.0 | 69.4 | 70.0 |
| 沉淀指数（mL） | 34.5 | | | | | 37.0 | 29.0 | 31.0 |
| 湿面筋（%，14%湿基） | 34.8 | 25.7 | 31.5 | 23.0 | 25.0 | 29.7 | 27.0 | 27.8 |
| 面筋指数 | 66 | 97 | 90 | 99 | 99 | 93 | 93 | 87 |
| **面团** | | | | | | | | |
| 吸水量（mL/100g） | 59.0 | 57.1 | 57.0 | 57.2 | 55.9 | 59.1 | 60.6 | 62.6 |
| 形成时间（min） | 5.5 | 1.7 | 4.0 | 1.9 | 1.9 | 6.5 | 6.7 | 4.2 |
| 稳定时间（min） | 8.5 | 11.6 | 13.7 | 6.5 | 32.1 | 11.7 | 9.3 | 8.9 |
| 拉伸面积（$cm^2$，135min） | 116 | 88 | 121 | 140 | 199 | 122 | 108 | 95 |
| 延伸性（mm） | 151 | 109 | 119 | 137 | 139 | 176 | 163 | 164 |
| 最大拉伸阻力（E.U） | 621 | 612 | 786 | 788 | 1129 | 566 | 480 | 457 |
| **烘焙评价** | | | | | | | | |
| 面包体积（mL） | 750 | | | | | 770 | | 750 |
| 面包评分 | 73 | | | | | 80 | | 70 |
| **蒸煮评价** | | | | | | | | |
| 面条评分 | | | 83 | | | | | |

（续）

| 样品编号 | 200067 | 200160 | 210156 | 220313 | 200049 | 200092 | 210008 | 210096 |
|---|---|---|---|---|---|---|---|---|
| 品种名称 | 藁优 5818 | 藁优 5818 | 藁优 5818 | 藁优 5818 | 谷神 28 | 谷神 28 | 谷神 28 | 谷神 28 |
| 样品来源 | 山东泰安 | 河北柏乡 | 河北柏乡 | 河北柏乡 | 河南滑县 | 安徽涡阳 | 河南滑县 | 安徽涡阳 |
| 达标类型 | Z3/MS | MS | — | MS | MS | Z2 | MS | MS |
| **籽粒** | | | | | | | | |
| 容重（g/L） | 800 | 832 | 811 | 813 | 857 | 817 | 836 | 842 |
| 水分（%） | 11.2 | 10.5 | 12.9 | 10.6 | 8.6 | 11.9 | 11.3 | 11.8 |
| 粗蛋白（%，干基） | 15.8 | 14.6 | 13.2 | 13.7 | 13.8 | 15.2 | 13.6 | 13.3 |
| 降落数值（s） | 384 | 349 | 379 | 367 | 423 | 442 | 463 | 407 |
| **面粉** | | | | | | | | |
| 出粉率（%） | 71.0 | 70.0 | 70.8 | 68.6 | 71.0 | 68.0 | 71.8 | 69.2 |
| 沉淀指数（mL） | 33.0 | 32.0 | 31.0 | | 27.0 | 36.5 | 27.0 | 28.0 |
| 湿面筋（%，14%湿基） | 36.7 | 32.3 | 27.6 | 31.9 | 30.0 | 34.4 | 31.2 | 30.6 |
| 面筋指数 | 65 | 81 | 99 | 91 | 67 | 75 | 68 | 75 |
| **面团** | | | | | | | | |
| 吸水量（mL/100g） | 65.7 | 63.2 | 62.0 | 64.5 | 63.6 | 67.7 | 64.8 | 62.4 |
| 形成时间（min） | 4.7 | 3.7 | 7.2 | 4.2 | 4.9 | 6.8 | 4.5 | 2.2 |
| 稳定时间（min） | 8.7 | 7.9 | 11.3 | 8.3 | 6.5 | 20.5 | 6.0 | 8.4 |
| 拉伸面积（$cm^2$，135min） | 103 | 100 | 105 | | | 137 | | 72 |
| 延伸性（mm） | 187 | 181 | 162 | | | 169 | | 137 |
| 最大拉伸阻力（E.U） | 441 | 414 | 501 | | | 631 | | 412 |
| **烘焙评价** | | | | | | | | |
| 面包体积（mL） | 750 | 750 | | | | 730 | | |
| 面包评分 | 70 | 70 | | | | 71 | | |
| **蒸煮评价** | | | | | | | | |
| 面条评分 | | | | | | | | |

（续）

| 样品编号 | 210162 | 220177 | 220256 | 220300 | 200048 | 210176 | 220198 | 220239 |
|---|---|---|---|---|---|---|---|---|
| 品种名称 | 谷神 28 | 谷神 28 | 谷神 28 | 谷神 28 | 淮麦 40 | 济麦 106 | 济麦 106 | 济麦 106 |
| 样品来源 | 河北柏乡 | 河南滑县 | 山东泰安 | 河北柏乡 | 河南滑县 | 山东惠民 | 河南滑县 | 山东泰安 |
| 达标类型 | — | MG | Z2 | MS | — | MG | — | Z3/MS |
| **籽粒** | | | | | | | | |
| 容重（g/L） | 824 | 840 | 820 | 819 | 859 | 816 | 844 | 811 |
| 水分（%） | 12.9 | 10.0 | 10.6 | 9.8 | 8.9 | 10.4 | 10.0 | 10.1 |
| 粗蛋白（%，干基） | 12.5 | 12.5 | 15.2 | 14.0 | 13.6 | 15.4 | 11.4 | 14.7 |
| 降落数值（s） | 422 | 448 | 389 | 374 | 431 | 408 | 444 | 396 |
| **面粉** | | | | | | | | |
| 出粉率（%） | 71.6 | 71.6 | 68.6 | 68.9 | 71.0 | 70.5 | 70.2 | 70.5 |
| 沉淀指数（mL） | 28.0 | | | | 23.0 | 38.0 | | |
| 湿面筋（%，14%湿基） | 29.4 | 28.6 | 33.0 | 32.7 | 27.4 | 30.4 | 22.4 | 32.1 |
| 面筋指数 | 79 | 82 | 98 | 84 | 77 | 96 | 100 | 90 |
| **面团** | | | | | | | | |
| 吸水量（mL/100g） | 62.7 | 65.1 | 68.4 | 65.3 | 61.6 | 60.7 | 62.2 | 61.3 |
| 形成时间（min） | 5.2 | 2.0 | 5.8 | 4.7 | 7.0 | 2.0 | 1.5 | 2.3 |
| 稳定时间（min） | 6.9 | 5.9 | 12.6 | 6.7 | 15.7 | 5.9 | 1.6 | 11.4 |
| 拉伸面积（$cm^2$，135min） | | | 127 | | 82 | | | 105 |
| 延伸性（mm） | | | 158 | | 109 | | | 137 |
| 最大拉伸阻力（E.U） | | | 611 | | 570 | | | 576 |
| **烘焙评价** | | | | | | | | |
| 面包体积（mL） | | | | | | | | |
| 面包评分 | | | | | | | | |
| **蒸煮评价** | | | | | | | | |
| 面条评分 | | | | | | | | |

（续）

| 样品编号 | 220285 | 220168 | 220172 | 220254 | 220310 | 220358 | 220379 | 200217 |
|---|---|---|---|---|---|---|---|---|
| 品种名称 | 济麦 106 | 济麦 5198 | 济麦 55 | 济麦 55 | 济麦 55 | 济麦 55 | 济麦 55 | 稷麦 209 |
| 样品来源 | 河北柏乡 | 山东惠民 | 河南滑县 | 山东泰安 | 河北柏乡 | 安徽涡阳 | 山东任城 | 河南郑州 |
| 达标类型 | — | MS | — | Z3/MS | MS | — | MG | Z2 |
| **籽粒** | | | | | | | | |
| 容重（g/L） | 813 | 791 | 835 | 803 | 807 | 818 | 835 | 850 |
| 水分（%） | 10.0 | 10.6 | 10.1 | 10.5 | 10.9 | 10.5 | 9.9 | 10.3 |
| 粗蛋白（%，干基） | 13.7 | 15.8 | 11.0 | 14.2 | 14.4 | 12.2 | 13.0 | 15.2 |
| 降落数值（s） | 383 | 434 | 429 | 422 | 404 | 396 | 384 | 336 |
| **面粉** | | | | | | | | |
| 出粉率（%） | 69.1 | 69.4 | 66.7 | 69.4 | 67.3 | 64.9 | 66.7 | 73.0 |
| 沉淀指数（mL） | | | | | | | | 33.0 |
| 湿面筋（%，14%湿基） | 26.1 | 34.3 | 22.3 | 32.2 | 34.0 | 27.6 | 25.8 | 33.5 |
| 面筋指数 | 99 | 76 | 92 | 87 | 88 | 95 | 94 | 79 |
| **面团** | | | | | | | | |
| 吸水量（mL/100g） | 60.6 | 64.4 | 70.2 | 64.7 | 65.9 | 64.4 | 63.7 | 58.3 |
| 形成时间（min） | 1.9 | 6.0 | 1.9 | 5.0 | 5.0 | 2.0 | 1.7 | 8.4 |
| 稳定时间（min） | 8.9 | 8.2 | 3.0 | 10.5 | 9.7 | 24.5 | 3.2 | 13.9 |
| 拉伸面积（$cm^2$，135min） | | | | 91 | | 99 | | 144 |
| 延伸性（mm） | | | | 146 | | 115 | | 162 |
| 最大拉伸阻力（E.U） | | | | 490 | | 637 | | 714 |
| **烘焙评价** | | | | | | | | |
| 面包体积（mL） | | | | | | | | 740 |
| 面包评分 | | | | | | | | 73 |
| **蒸煮评价** | | | | | | | | |
| 面条评分 | | | | 84 | 84 | | | |

（续）

| 样品编号 | 220381 | 220382 | 220383 | 200165 | 210139 | 220312 | 200167 | 210135 |
|---|---|---|---|---|---|---|---|---|
| 品种名称 | 稷麦 209 | 稷麦 209 | 稷麦 209 | 冀麦 323 | 冀麦 323 | 冀麦 323 | 冀麦 765 | 冀麦 765 |
| 样品来源 | 河南汝南 | 河南沁阳 | 河南汝州 | 河北柏乡 | 河北柏乡 | 河北柏乡 | 河北柏乡 | 河北柏乡 |
| 达标类型 | — | — | MS | MS | — | MS | Z3/MS | Z3/MS |
| **籽粒** | | | | | | | | |
| 容重（g/L） | 858 | 860 | 842 | 839 | 828 | 817 | 842 | 826 |
| 水分（%） | 10.8 | 10.3 | 10.7 | 12.2 | 13.2 | 10.7 | 11.0 | 13.6 |
| 粗蛋白（%，干基） | 12.8 | 11.5 | 13.6 | 13.5 | 13.5 | 13.9 | 14.5 | 13.0 |
| 降落数值（s） | 369 | 385 | 353 | 368 | 365 | 388 | 399 | 395 |
| **面粉** | | | | | | | | |
| 出粉率（%） | 71.1 | 69.7 | 71.5 | 71.0 | 69.7 | 69.9 | 72.0 | 70.7 |
| 沉淀指数（mL） | | | | 33.5 | 36.0 | | 36.0 | 33.0 |
| 湿面筋（%，14%湿基） | 25.3 | 24.5 | 29.2 | 28.6 | 27.2 | 28.9 | 33.3 | 29.6 |
| 面筋指数 | 98 | 99 | 90 | 91 | 97 | 92 | 79 | 94 |
| **面团** | | | | | | | | |
| 吸水量（mL/100g） | 59.9 | 62.1 | 62.7 | 62.5 | 61.5 | 60.8 | 64.6 | 60.9 |
| 形成时间（min） | 14.8 | 1.4 | 7.0 | 7.5 | 8.2 | 4.8 | 5.5 | 2.0 |
| 稳定时间（min） | 23.6 | 11.2 | 11.8 | 10.1 | 16.4 | 8.3 | 8.4 | 11.1 |
| 拉伸面积（$cm^2$，135min） | 122 | 102 | 76 | 126 | 157 | | 97 | 110 |
| 延伸性（mm） | 117 | 121 | 133 | 171 | 155 | | 180 | 142 |
| 最大拉伸阻力（E.U） | 827 | 652 | 439 | 642 | 779 | | 422 | 592 |
| **烘焙评价** | | | | | | | | |
| 面包体积（mL） | | | | | | | | |
| 面包评分 | | | | | | | | |
| **蒸煮评价** | | | | | | | | |
| 面条评分 | | | | | | | | |

（续）

| 样品编号 | 220073 | 220074 | 220080 | 220087 | 220181 | 210005 | 200043 | 200056 |
|---|---|---|---|---|---|---|---|---|
| 品种名称 | 冀麦 765 | 冀麦 765 | 冀麦 765 | 冀麦 765 | 冀麦 765 | 锦麦 35 | 锦绣 21 | 锦绣 21 |
| 样品来源 | 河北赵县 | 河北晋州 | 河北临城 | 河北藁城 | 河南滑县 | 河南滑县 | 河南滑县 | 山东泰安 |
| 达标类型 | Z3 | Z3/MS | — | Z3/MS | — | — | MS | Z3/MS |
| **籽粒** | | | | | | | | |
| 容重（g/L） | 828 | 831 | 829 | 829 | 855 | 825 | 855 | 786 |
| 水分（%） | 10.5 | 10.6 | 10.2 | 10.7 | 10.4 | 11.0 | 8.7 | 10.8 |
| 粗蛋白（%，干基） | 12.8 | 14.1 | 13.4 | 13.9 | 12.1 | 12.6 | 14.1 | 15.3 |
| 降落数值（s） | 492 | 425 | 505 | 495 | 431 | 380 | 461 | 393 |
| **面粉** | | | | | | | | |
| 出粉率（%） | 66.8 | 67.5 | 68.1 | 67.2 | 69.1 | 71.3 | 70.0 | 69.0 |
| 沉淀指数（mL） | | | | | | 30 | 29.0 | 29.0 |
| 湿面筋（%，14%湿基） | 29.4 | 31.5 | 27.9 | 30.2 | 28.4 | 24.9 | 29.4 | 33.2 |
| 面筋指数 | 93 | 94 | 98 | 94 | 93 | 96 | 74 | 58 |
| **面团** | | | | | | | | |
| 吸水量（mL/100g） | 63.1 | 64.1 | 63.7 | 63.9 | 64.8 | 59.3 | 61.2 | 58.6 |
| 形成时间（min） | 7.2 | 3.5 | 2.2 | 2.3 | 2.8 | 1.9 | 10.2 | 7.3 |
| 稳定时间（min） | 12.8 | 11.8 | 11.3 | 12.2 | 7.1 | 16.7 | 11.9 | 15.3 |
| 拉伸面积（$cm^2$，135min） | 90 | 98 | 119 | 140 | | 121 | 74 | 99 |
| 延伸性（mm） | 129 | 151 | 153 | 166 | | 146 | 116 | 144 |
| 最大拉伸阻力（E.U） | 523 | 482 | 579 | 672 | | 636 | 494 | 643 |
| **烘焙评价** | | | | | | | | |
| 面包体积（mL） | 750 | 750 | | 750 | | | 770 | 770 |
| 面包评分 | 72 | 72 | | 72 | | | 77 | 73 |
| **蒸煮评价** | | | | | | | | |
| 面条评分 | 86 | 86 | | 86 | | | | |

（续）

| 样品编号 | 200153 | 210001 | 220406 | 210044 | 200203 | 220035 | 200113 | 220356 |
| --- | --- | --- | --- | --- | --- | --- | --- | --- |
| 品种名称 | 锦绣 21 | 锦绣 21 | 垦星 8 号 | 连麦 5 号 | 柳北 8 号 | 柳麦 521 | 隆平麦 6 号 | 隆平麦 6 号 |
| 样品来源 | 河北柏乡 | 河南滑县 | 山东兰陵 | 江苏连云港 | 河南郑州 | 安徽濉溪 | 安徽涡阳 | 安徽涡阳 |
| 达标类型 | MS | MS | Z3/MS | MS | Z3/MS | MS | Z2 | Z3/MS |
| **籽粒** | | | | | | | | |
| 容重（g/L） | 816 | 817 | 826 | 823 | 787 | 843 | 817 | 827 |
| 水分（%） | 11.4 | 11.4 | 10.0 | 12.3 | 10.2 | 9.7 | 11.2 | 10.2 |
| 粗蛋白（%，干基） | 15.0 | 13.6 | 16.4 | 14.7 | 15.9 | 13.6 | 15.6 | 14.1 |
| 降落数值（s） | 373 | 470 | 477 | 436 | 337 | 508 | 471 | 368 |
| **面粉** | | | | | | | | |
| 出粉率（%） | 70.0 | 71.2 | 67.0 | 69.4 | 70.0 | 68.9 | 68.0 | 68.8 |
| 沉淀指数（mL） | 30.0 | 26.0 | | 30.0 | 37.0 | | 39.0 | |
| 湿面筋（%，14%湿基） | 31.4 | 29.9 | 34.0 | 33.3 | 36.8 | 31.6 | 33.5 | 30.6 |
| 面筋指数 | 73 | 65 | 77 | 77 | 66 | 76 | 84 | 98 |
| **面团** | | | | | | | | |
| 吸水量（mL/100g） | 58.6 | 61.1 | 65.1 | 62.5 | 63.2 | 64.7 | 62.4 | 58.7 |
| 形成时间（min） | 6.8 | 10.0 | 5.7 | 4.8 | 5.0 | 7.0 | 6.3 | 3.0 |
| 稳定时间（min） | 8.7 | 11.8 | 12.9 | 8.0 | 8.4 | 9.7 | 12.6 | 15.5 |
| 拉伸面积（$cm^2$，135min） | 62 | 83 | 94 | 80 | 143 | 67 | 118 | 147 |
| 延伸性（mm） | 129 | 151 | 137 | 147 | 183 | 142 | 167 | 154 |
| 最大拉伸阻力（E.U） | 348 | 502 | 512 | 382 | 777 | 383 | 569 | 723 |
| **烘焙评价** | | | | | | | | |
| 面包体积（mL） | | | | 780 | 760 | | 770 | |
| 面包评分 | | | | 71 | 79 | | 77 | |
| **蒸煮评价** | | | | | | | | |
| 面条评分 | | | | | | | | |

（续）

| 样品编号 | 220021 | 220149 | 220150 | 220151 | 220158 | 220214 | 220215 | 220230 |
|---|---|---|---|---|---|---|---|---|
| 品种名称 | 陇鉴 115 | 陇鉴 115 | 陇鉴 115 | 陇鉴 115 | 陇鉴 115 | 陇鉴 115 | 陇鉴 115 | 陇鉴 115 |
| 样品来源 | 甘肃镇原 | 甘肃环县 | 甘肃安定 | 甘肃合水 | 甘肃会宁 | 甘肃庆城 | 甘肃静宁 | 甘肃镇原 |
| 达标类型 | MS | — | MS | — | — | — | MS | — |
| **籽粒** | | | | | | | | |
| 容重（g/L） | 812 | 820 | 795 | 831 | 810 | 815 | 791 | 803 |
| 水分（%） | 10.5 | 11.2 | 11.7 | 10.6 | 9.5 | 10.6 | 11.3 | 11.6 |
| 粗蛋白（%，干基） | 13.6 | 12.1 | 13.3 | 12.1 | 12.8 | 12.9 | 14.2 | 12.9 |
| 降落数值（s） | 357 | 318 | 348 | 384 | 330 | 298 | 333 | 277 |
| **面粉** | | | | | | | | |
| 出粉率（%） | 70.0 | 60.6 | 66.4 | 70.0 | 69.1 | 71.4 | 66.4 | 71.5 |
| 沉淀指数（mL） | | | | | | | | |
| 湿面筋（%，14%湿基） | 28.2 | 25.7 | 28.8 | 24.8 | 26.8 | 25.7 | 28.2 | 26.9 |
| 面筋指数 | 96 | 96 | 97 | 99 | 93 | 99 | 98 | 97 |
| **面团** | | | | | | | | |
| 吸水量（mL/100g） | 57.8 | 54.5 | 56.1 | 55.5 | 56.3 | 56.2 | 56.9 | 59.6 |
| 形成时间（min） | 6.7 | 5.7 | 5.7 | 2.0 | 6.7 | 2.4 | 6.7 | 5.8 |
| 稳定时间（min） | 10.3 | 11.0 | 9.8 | 13.5 | 9.3 | 13.7 | 14.3 | 7.6 |
| 拉伸面积（$cm^2$，135min） | 85 | 103 | 130 | 134 | 147 | 145 | 147 | |
| 延伸性（mm） | 168 | 167 | 212 | 173 | 197 | 182 | 201 | |
| 最大拉伸阻力（E.U） | 375 | 478 | 455 | 591 | 582 | 622 | 560 | |
| **烘焙评价** | | | | | | | | |
| 面包体积（mL） | | | | | | | | |
| 面包评分 | | | | | | | | |
| **蒸煮评价** | | | | | | | | |
| 面条评分 | 90 | | 90 | | | | 90 | |

（续）

| 样品编号 | 200169 | 210133 | 220208 | 220295 | 210144 | 220291 | 220390 | 220389 |
|---|---|---|---|---|---|---|---|---|
| 品种名称 | 轮选 45 | 轮选 45 | 轮选 45 | 轮选 45 | 马兰 6 号 | 马兰 6 号 | 宁 3015 | 宁春 4 号 |
| 样品来源 | 河北柏乡 | 河北柏乡 | 河北赵县 | 河北柏乡 | 河北柏乡 | 河北柏乡 | 宁夏永宁 | 宁夏永宁 |
| 达标类型 | MS | — | MG | MS | — | MS | — | MS |
| **籽粒** | | | | | | | | |
| 容重（g/L） | 837 | 812 | 822 | 806 | 817 | 817 | 806 | 820 |
| 水分（%） | 9.6 | 13.3 | 10.8 | 10.0 | 13.1 | 10.0 | 10.5 | 10.2 |
| 粗蛋白（%，干基） | 16.1 | 13.2 | 14.0 | 14.1 | 13.0 | 14.8 | 14.1 | 13.9 |
| 降落数值（s） | 409 | 433 | 409 | 378 | 428 | 399 | 327 | 350 |
| **面粉** | | | | | | | | |
| 出粉率（%） | 70.0 | 70.2 | 67.5 | 67.9 | 69.1 | 66.2 | 71.6 | 71.7 |
| 沉淀指数（mL） | 34.0 | 29.0 | | | 29.0 | | | |
| 湿面筋（%，14%湿基） | 33.9 | 27.7 | 34.1 | 29.1 | 27.0 | 31.8 | 27.9 | 30.6 |
| 面筋指数 | 74 | 93 | 81 | 96 | 92 | 98 | 100 | 87 |
| **面团** | | | | | | | | |
| 吸水量（mL/100g） | 61.9 | 59.2 | 60.6 | 61.3 | 60.1 | 68.4 | 56.4 | 57.4 |
| 形成时间（min） | 5.7 | 7.2 | 4.0 | 6.2 | 1.5 | 6.3 | 1.9 | 5.0 |
| 稳定时间（min） | 8.5 | 10.8 | 4.5 | 7.9 | 9.2 | 8.8 | 17.9 | 7.2 |
| 拉伸面积（$cm^2$，135min） | 85 | 104 | | | 97 | | 150 | |
| 延伸性（mm） | 179 | 177 | | | 119 | | 162 | |
| 最大拉伸阻力（E.U） | 365 | 479 | | | 615 | | 716 | |
| **烘焙评价** | | | | | | | | |
| 面包体积（mL） | | | | | | | | |
| 面包评分 | | | | | | | | |
| **蒸煮评价** | | | | | | | | |
| 面条评分 | | | | | | | | 85 |

（续）

| 样品编号 | 220391 | 210040 | 210078 | 220088 | 220089 | 220092 | 220435 | 200042 |
|---|---|---|---|---|---|---|---|---|
| 品种名称 | 宁春 62 | 宁麦资 126 | 宁麦资 126 | 宁麦资 126 | 宁麦资 126 | 宁麦资 126 | 农大 761 | 农麦 152 |
| 样品来源 | 宁夏永宁 | 江苏泰州 | 江苏泰州 | 江苏泰兴 | 江苏泰兴 | 江苏兴化 | 山东阳谷 | 河南滑县 |
| 达标类型 | Z3/MS | Z3/MS | Z3/MS | Z3/MS | — | Z1 | Z3/MS | MS |
| **籽粒** | | | | | | | | |
| 容重（g/L） | 809 | 790 | 776 | 819 | 823 | 793 | 848 | 855 |
| 水分（%） | 10.4 | 11.5 | 12.4 | 10.2 | 10.7 | 11.5 | 10.2 | 9.4 |
| 粗蛋白（%，干基） | 14.0 | 17.0 | 17.2 | 13.6 | 10.1 | 14.5 | 13.8 | 14.2 |
| 降落数值（s） | 326 | 450 | 478 | 389 | 317 | 406 | 386 | 426 |
| **面粉** | | | | | | | | |
| 出粉率（%） | 69.5 | 68.4 | 67.1 | 67.0 | 60.3 | 66.5 | 67.2 | 72.0 |
| 沉淀指数（mL） | | 40.0 | 38.0 | | | | | 26.5 |
| 湿面筋（%，14%湿基） | 30.7 | 37.4 | 41.5 | 29.0 | 20.6 | 33.8 | 31.1 | 31.5 |
| 面筋指数 | 97 | 85 | 79 | 96 | 94 | 83 | 93 | 60 |
| **面团** | | | | | | | | |
| 吸水量（mL/100g） | 62.9 | 64.1 | 65.5 | 61.3 | 56.8 | 63.0 | 65.2 | 60.6 |
| 形成时间（min） | 7.3 | 8.8 | 7.7 | 2.2 | 1.2 | 6.7 | 3.7 | 4.3 |
| 稳定时间（min） | 10.6 | 10.8 | 9.2 | 14.4 | 1.6 | 18.0 | 10.8 | 7.6 |
| 拉伸面积（$cm^2$，135min） | 120 | 160 | 163 | 141 | | 148 | 100 | 70 |
| 延伸性（mm） | 167 | 185 | 185 | 164 | | 179 | 158 | 129 |
| 最大拉伸阻力（E.U） | 535 | 666 | 671 | 728 | | 707 | 486 | 424 |
| **烘焙评价** | | | | | | | | |
| 面包体积（mL） | | 860 | 860 | | | | | 730 |
| 面包评分 | | 76 | 76 | | | | | 70 |
| **蒸煮评价** | | | | | | | | |
| 面条评分 | 83 | | | 81 | | 81 | | |

（续）

| 样品编号 | 200087 | 200135 | 200149 | 220136 | 220039 | 220120 | 200074 | 200140 |
|---|---|---|---|---|---|---|---|---|
| 品种名称 | 农麦 152 | 农麦 152 | 农麦 152 | 瑞华麦 590 | 瑞华麦 596 | 瑞华麦 596 | 山农 111 | 山农 111 |
| 样品来源 | 山东泰安 | 安徽涡阳 | 河北柏乡 | 江苏广陵 | 江苏金湖 | 江苏海陵 | 山东泰安 | 河北柏乡 |
| 达标类型 | MG | MS | MG | Z2 | Z3/MS | MG | Z3/MS | Z3/MS |
| **籽粒** | | | | | | | | |
| 容重（g/L） | 820 | 815 | 841 | 819 | 821 | 807 | 840 | 852 |
| 水分（%） | 11.2 | 11.6 | 10.7 | 10.4 | 11.0 | 10.6 | 11.2 | 10.2 |
| 粗蛋白（%，干基） | 14.7 | 17.8 | 14.4 | 15.9 | 14.9 | 14.9 | 16.4 | 15.8 |
| 降落数值（s） | 362 | 402 | 367 | 435 | 569 | 466 | 439 | 424 |
| **面粉** | | | | | | | | |
| 出粉率（%） | 69.0 | 67.0 | 71.0 | 68.9 | 65.9 | 68.8 | 71.0 | 70.0 |
| 沉淀指数（mL） | 26.0 | 30.5 | 24.0 | | | | 35.0 | 36.0 |
| 湿面筋（%，14%湿基） | 35.5 | 43.4 | 33.1 | 35.1 | 34.1 | 36.2 | 37.0 | 33.6 |
| 面筋指数 | 49 | 51 | 49 | 91 | 79 | 71 | 52 | 70 |
| **面团** | | | | | | | | |
| 吸水量（mL/100g） | 58.9 | 63.4 | 59.6 | 63.8 | 73.9 | 69.1 | 63.1 | 60.6 |
| 形成时间（min） | 4.0 | 5.3 | 3.0 | 3.4 | 4.0 | 4.3 | 5.8 | 4.9 |
| 稳定时间（min） | 5.8 | 9.5 | 5.7 | 19.1 | 11.3 | 5.1 | 16.4 | 8.4 |
| 拉伸面积（$cm^2$，135min） | | 63 | | 135 | 98 | | 103 | 90 |
| 延伸性（mm） | | 139 | | 150 | 155 | | 148 | 138 |
| 最大拉伸阻力（E. U） | | 317 | | 679 | 495 | | 541 | 496 |
| **烘焙评价** | | | | | | | | |
| 面包体积（mL） | | | | | | | 730 | 730 |
| 面包评分 | | | | | | | 72 | 72 |
| **蒸煮评价** | | | | | | | | |
| 面条评分 | | | | | | | | |

（续）

| 样品编号 | 210170 | 220221 | 200024 | 200055 | 200132 | 200139 | 210168 | 210171 |
|---|---|---|---|---|---|---|---|---|
| 品种名称 | 山农 111 | 山农 111 | 山农 116 | 山农 116 | 山农 116 | 山农 116 | 山农 116 | 山农 116 |
| 样品来源 | 山东泰安 | 山东肥城 | 河南滑县 | 山东泰安 | 安徽涡阳 | 河北柏乡 | 山东泰安 | 山东泰安 |
| 达标类型 | MS | MS | — | G2/Z1 | G2/Z2 | G2/Z3 | MS | — |
| **籽粒** | | | | | | | | |
| 容重（g/L） | 813 | 831 | 871 | 827 | 845 | 849 | 835 | 840 |
| 水分（%） | 11.7 | 11.0 | 9.0 | 11.1 | 11.5 | 10.5 | 11.7 | 11.7 |
| 粗蛋白（%，干基） | 15.8 | 14.9 | 12.7 | 15.1 | 15.4 | 15.3 | 13.2 | 13.0 |
| 降落数值（s） | 552 | 423 | 419 | 406 | 438 | 393 | 395 | 374 |
| **面粉** | | | | | | | | |
| 出粉率（%） | 68.1 | 69.6 | 71.0 | 71.0 | 71.0 | 70.0 | 70.3 | 70.7 |
| 沉淀指数（mL） | 36.0 | | 30.5 | 35.0 | 38.0 | 35.0 | 31.0 | 33.0 |
| 湿面筋（%，14%湿基） | 35.1 | 34.0 | 25.9 | 32.5 | 33.8 | 32.4 | 28.0 | 27.2 |
| 面筋指数 | 73 | 84 | 88 | 85 | 80 | 68 | 91 | 97 |
| **面团** | | | | | | | | |
| 吸水量（mL/100g） | 62.9 | 63.4 | 61.8 | 59.6 | 61.4 | 60.2 | 60.2 | 59.5 |
| 形成时间（min） | 4.5 | 3.2 | 1.8 | 11.8 | 7.5 | 5.8 | 1.8 | 2.4 |
| 稳定时间（min） | 7.2 | 11.9 | 9.3 | 25.9 | 17.9 | 9.7 | 6.9 | 13.4 |
| 拉伸面积（$cm^2$，135min） | 79 | 84 | 107 | 158 | 137 | 93 | | 142 |
| 延伸性（mm） | 146 | 137 | 137 | 159 | 164 | 165 | | 144 |
| 最大拉伸阻力（E.U） | 392 | 467 | 613 | 842 | 669 | 463 | | 774 |
| **烘焙评价** | | | | | | | | |
| 面包体积（mL） | 780 | | 760 | 770 | 770 | 770 | | |
| 面包评分 | 73 | | 79 | 80 | 80 | 80 | | |
| **蒸煮评价** | | | | | | | | |
| 面条评分 | | | | | | | | |

（续）

| 样品编号 | 220002 | 220184 | 220247 | 220297 | 200237 | 210169 | 220001 | 220186 |
|---|---|---|---|---|---|---|---|---|
| 品种名称 | 山农 116 | 山农 116 | 山农 116 | 山农 116 | 山农 1695 | 山农 1695 | 山农 1695 | 山农 1695 |
| 样品来源 | 江苏新沂 | 河南滑县 | 山东泰安 | 河北柏乡 | 山东泰安 | 山东泰安 | 江苏新沂 | 河南滑县 |
| 达标类型 | — | — | Z3/MS | — | G1/Z2 | G2/Z3 | — | — |
| **籽粒** | | | | | | | | |
| 容重（g/L） | 844 | 861 | 814 | 826 | 837 | 831 | 845 | 853 |
| 水分（%） | 11.1 | 10.6 | 10.7 | 10.0 | 10.6 | 11.9 | 11.1 | 10.6 |
| 粗蛋白（%，干基） | 12.5 | 11.7 | 13.9 | 12.5 | 17.7 | 14.7 | 12.4 | 12.2 |
| 降落数值（s） | 461 | 406 | 384 | 379 | 401 | 410 | 449 | 553 |
| **面粉** | | | | | | | | |
| 出粉率（%） | 69.1 | 70.7 | 71.1 | 69.6 | 68.0 | 69.5 | 73.1 | 73.1 |
| 沉淀指数（mL） | | | | | 38.0 | 33.0 | | |
| 湿面筋（%，14%湿基） | 24.2 | 25.5 | 30.8 | 25.4 | 38.4 | 33.1 | 24.4 | 27.7 |
| 面筋指数 | 98 | 100 | 98 | 99 | 69 | 82 | 98 | 95 |
| **面团** | | | | | | | | |
| 吸水量（mL/100g） | 59.2 | 64.2 | 63.9 | 61.4 | 65.4 | 62.0 | 60.0 | 63.9 |
| 形成时间（min） | 1.5 | 2.0 | 2.5 | 1.8 | 7.7 | 2.0 | 1.5 | 1.7 |
| 稳定时间（min） | 2.2 | 8.0 | 15.2 | 13.8 | 19.6 | 9.7 | 1.7 | 9.0 |
| 拉伸面积（$cm^2$，135min） | | | 120 | 111 | 119 | 114 | | |
| 延伸性（mm） | | | 134 | 133 | 184 | 165 | | |
| 最大拉伸阻力（E. U） | | | 692 | 633 | 513 | 507 | | |
| **烘焙评价** | | | | | | | | |
| 面包体积（mL） | | | | | 850 | 850 | | |
| 面包评分 | | | | | 89 | 87 | | |
| **蒸煮评价** | | | | | | | | |
| 面条评分 | | | | | | | | |

（续）

| 样品编号 | 220250 | 220276 | 220287 | 220330 | 220436 | 200171 | 210160 | 220321 |
|---|---|---|---|---|---|---|---|---|
| 品种名称 | 山农 1695 | 山农 1695 | 山农 1695 | 山农 1695 | 圣麦 918 | 石 4366 | 石 4366 | 石 4366 |
| 样品来源 | 山东泰安 | 山东岱岳 | 河北柏乡 | 安徽涡阳 | 山东阳谷 | 河北柏乡 | 河北柏乡 | 河北柏乡 |
| 达标类型 | MS | Z3/MS | Z2 | — | Z3/MS | Z3/MS | — | MS |
| **籽粒** | | | | | | | | |
| 容重（g/L） | 809 | 826 | 827 | 839 | 837 | 847 | 814 | 816 |
| 水分（%） | 9.7 | 9.7 | 10.7 | 11.4 | 10.6 | 10.2 | 13.0 | 10.2 |
| 粗蛋白（%，干基） | 14.5 | 14.5 | 13.1 | 14.1 | 16.6 | 15.0 | 12.7 | 13.3 |
| 降落数值（s） | 377 | 404 | 365 | 399 | 360 | 410 | 418 | 394 |
| **面粉** | | | | | | | | |
| 出粉率（%） | 65.6 | 71.6 | 71.1 | 72.0 | 66.8 | 69.0 | 69.0 | 66.4 |
| 沉淀指数（mL） | | | | | | 32.0 | 31.0 | |
| 湿面筋（%，14%湿基） | 35.2 | 30.5 | 31.9 | 27.0 | 35.0 | 30.2 | 27.8 | 28.1 |
| 面筋指数 | 86 | 96 | 95 | 99 | 82 | 81 | 90 | 99 |
| **面团** | | | | | | | | |
| 吸水量（mL/100g） | 67.6 | 63.3 | 61.9 | 58.7 | 65.3 | 64.3 | 63.3 | 64.6 |
| 形成时间（min） | 7.2 | 1.9 | 8.0 | 2.2 | 6.5 | 5.2 | 8.2 | 5.0 |
| 稳定时间（min） | 11.8 | 9.4 | 16.3 | 18.2 | 10.0 | 8.2 | 9.2 | 7.0 |
| 拉伸面积（$cm^2$，135min） | 89 | 105 | 143 | 137 | 106 | 91 | 106 | |
| 延伸性（mm） | 146 | 139 | 151 | 132 | 147 | 173 | 151 | |
| 最大拉伸阻力（E.U） | 475 | 585 | 744 | 830 | 603 | 412 | 553 | |
| **烘焙评价** | | | | | | | | |
| 面包体积（mL） | | | | | | | | |
| 面包评分 | | | | | | | | |
| **蒸煮评价** | | | | | | | | |
| 面条评分 | 87 | 87 | 87 | | | | | |

（续）

| 样品编号 | 200172 | 220319 | 200173 | 210147 | 220320 | 200058 | 210172 | 200240 |
|---|---|---|---|---|---|---|---|---|
| 品种名称 | 石农 952 | 石农 952 | 石优 17 | 石优 17 | 石优 17 | 泰田麦 118 | 泰田麦 118 | 泰田麦 125 |
| 样品来源 | 河北柏乡 | 河北柏乡 | 河北柏乡 | 河北柏乡 | 河北柏乡 | 山东泰安 | 山东泰安 | 山东泰安 |
| 达标类型 | Z3/MS | — | Z3/MS | — | — | Z2 | — | Z3/MS |
| **籽粒** | | | | | | | | |
| 容重（g/L） | 852 | 824 | 845 | 813 | 810 | 811 | 768 | 814 |
| 水分（%） | 10.0 | 10.3 | 10.3 | 13.1 | 10.4 | 10.9 | 11.0 | 10.0 |
| 粗蛋白（%，干基） | 15.1 | 13.4 | 14.5 | 12.2 | 12.6 | 14.9 | 13.1 | 14.0 |
| 降落数值（s） | 366 | 381 | 381 | 420 | 409 | 349 | 139 | 337 |
| **面粉** | | | | | | | | |
| 出粉率（%） | 71.0 | 68.7 | 69.0 | 70.7 | 67.3 | 69.0 | 69.7 | 67.0 |
| 沉淀指数（mL） | 33.0 | | 35.0 | 28.0 | | 31.0 | 34.0 | 38.5 |
| 湿面筋（%，14%湿基） | 29.2 | 27.6 | 31.1 | 25.3 | 27.1 | 31.4 | 25.3 | 30.4 |
| 面筋指数 | 83 | 97 | 71 | 88 | 90 | 89 | 94 | 85 |
| **面团** | | | | | | | | |
| 吸水量（mL/100g） | 61.7 | 62.4 | 62.1 | 59.4 | 62.8 | 58.4 | 57.3 | 58.9 |
| 形成时间（min） | 7.2 | 6.3 | 6.5 | 6.4 | 5.5 | 11.2 | 1.5 | 2.7 |
| 稳定时间（min） | 11.1 | 9.5 | 9.3 | 8.7 | 7.1 | 23.2 | 1.8 | 12.2 |
| 拉伸面积（$cm^2$，135min） | 111 | | 93 | 97 | | 187 | | 133 |
| 延伸性（mm） | 162 | | 157 | 131 | | 186 | | 157 |
| 最大拉伸阻力（E.U） | 507 | | 480 | 542 | | 925 | | 656 |
| **烘焙评价** | | | | | | | | |
| 面包体积（mL） | 750 | | | | | 770 | | 850 |
| 面包评分 | 78 | | | | | 82 | | 88 |
| **蒸煮评价** | | | | | | | | |
| 面条评分 | | | | | | | | |

（续）

| 样品编号 | 210166 | 220223 | 220528 | 200015 | 200119 | 210011 | 200041 | 200110 |
|---|---|---|---|---|---|---|---|---|
| 品种名称 | 泰田麦 125 | 泰田麦 125 | 囤麦 257 | 伟隆 136 | 伟隆 136 | 伟隆 136 | 伟隆 169 | 伟隆 169 |
| 样品来源 | 山东泰安 | 山东肥城 | 河南郾城 | 河南滑县 | 安徽涡阳 | 河南滑县 | 河南滑县 | 安徽涡阳 |
| 达标类型 | G2/Z3 | Z2 | Z3 | MS | MS | MS | MS | G2/Z1 |
| **籽粒** | | | | | | | | |
| 容重（g/L） | 808 | 830 | 842 | 844 | 817 | 803 | 854 | 838 |
| 水分（%） | 12.1 | 10.8 | 10.8 | 9.1 | 11.7 | 10.5 | 8.7 | 11.5 |
| 粗蛋白（%，干基） | 15.0 | 14.6 | 13.0 | 14.5 | 16.4 | 15.7 | 14.1 | 15.7 |
| 降落数值（s） | 406 | 377 | 378 | 431 | 472 | 387 | 407 | 443 |
| **面粉** | | | | | | | | |
| 出粉率（%） | 67.6 | 70.6 | 70.7 | 71.0 | 66.0 | 67.9 | 72.0 | 69.0 |
| 沉淀指数（mL） | 36.0 | | | 34.5 | 36.0 | 33.0 | 36.0 | 36.0 |
| 湿面筋（%，14%湿基） | 32.3 | 31.3 | 31.0 | 30.8 | 36.3 | 35.5 | 28.1 | 33.7 |
| 面筋指数 | 90 | 97 | 96 | 80 | 61 | 70 | 97 | 83 |
| **面团** | | | | | | | | |
| 吸水量（mL/100g） | 60.0 | 58.1 | 64.1 | 66.9 | 69.2 | 68.4 | 61.8 | 64.9 |
| 形成时间（min） | 2.4 | 2.7 | 4.0 | 3.5 | 5.3 | 4.7 | 25.8 | 25.0 |
| 稳定时间（min） | 8.2 | 12.6 | 12.6 | 6.9 | 12.6 | 6.9 | 28.9 | 26.3 |
| 拉伸面积（$cm^2$，135min） | 102 | 130 | 103 | | 88 | | 158 | 142 |
| 延伸性（mm） | 156 | 144 | 153 | | 178 | | 146 | 180 |
| 最大拉伸阻力（E.U） | 538 | 685 | 491 | | 376 | | 880 | 769 |
| **烘焙评价** | | | | | | | | |
| 面包体积（mL） | 835 | | | | | | 790 | 790 |
| 面包评分 | 86 | | | | | | 80 | 80 |
| **蒸煮评价** | | | | | | | | |
| 面条评分 | | | | | | | | |

（续）

| 样品编号 | 210023 | 210076 | 210095 | 210150 | 210208 | 220160 | 220169 | 220332 |
|---|---|---|---|---|---|---|---|---|
| 品种名称 | 伟隆 169 | 伟隆 169 | 伟隆 169 | 伟隆 169 | 伟隆 169 | 伟隆 169 | 伟隆 169 | 伟隆 169 |
| 样品来源 | 河南滑县 | 江苏淮安 | 安徽涡阳 | 河北柏乡 | 河南汤阴 | 河南长葛 | 河南滑县 | 安徽涡阳 |
| 达标类型 | — | MG | Z3/MS | Z3/MS | — | — | — | Z3/MS |
| **籽粒** | | | | | | | | |
| 容重（g/L） | 791 | 801 | 846 | 807 | 796 | 834 | 850 | 839 |
| 水分（%） | 11.5 | 11.9 | 11.7 | 12.6 | 12.0 | 9.6 | 9.9 | 11.2 |
| 粗蛋白（%，干基） | 12.5 | 14.4 | 13.9 | 13.8 | 13.1 | 13.5 | 11.3 | 14.4 |
| 降落数值（s） | 415 | 458 | 420 | 447 | 421 | 505 | 434 | 447 |
| **面粉** | | | | | | | | |
| 出粉率（%） | 70.7 | 69.1 | 71.6 | 69.9 | 68.7 | 72.3 | 69.4 | 70.9 |
| 沉淀指数（mL） | 33.0 | 27.0 | 39.0 | 34.0 | 34.0 | | | |
| 湿面筋（%，14%湿基） | 24.8 | 34.5 | 30.2 | 29.5 | 27.5 | 25.7 | 23.7 | 30.3 |
| 面筋指数 | 97 | 58 | 93 | 96 | 98 | 98 | 98 | 96 |
| **面团** | | | | | | | | |
| 吸水量（mL/100g） | 59.2 | 62.2 | 59.8 | 58.8 | 58.8 | 58.2 | 65.3 | 59.4 |
| 形成时间（min） | 2.2 | 3.8 | 2.7 | 9.4 | 2.2 | 2.0 | 1.7 | 10.0 |
| 稳定时间（min） | 7.7 | 4.0 | 17.7 | 25.7 | 12.6 | 28.7 | 6.3 | 21.3 |
| 拉伸面积（$cm^2$，135min） | 144 | | 127 | 163 | 133 | 149 | | 166 |
| 延伸性（mm） | 167 | | 148 | 146 | 141 | 138 | | 159 |
| 最大拉伸阻力（E.U） | 648 | | 647 | 873 | 730 | 842 | | 816 |
| **烘焙评价** | | | | | | | | |
| 面包体积（mL） | | | | | | | | |
| 面包评分 | | | | | | | | |
| **蒸煮评价** | | | | | | | | |
| 面条评分 | | | | | | | | 91 |

（续）

| 样品编号 | Pm210122 | Pm210136 | Pm210143 | 220437 | 220032 | 220031 | 200036 | 210007 |
|---|---|---|---|---|---|---|---|---|
| 品种名称 | 伟隆 169 | 伟隆 169 | 伟隆 169 | 新春 26 | 新春 37 | 新春 51 | 新选 979 | 新选 979 |
| 样品来源 | 河南修武 | 河南郸城 | 河南延津 | 新疆昌吉 | 新疆塔城 | 新疆塔城 | 河南滑县 | 河南滑县 |
| 达标类型 | — | — | — | MS | — | — | MS | — |
| **籽粒** | | | | | | | | |
| 容重（g/L） | 839 | 828 | 808 | 831 | 844 | 849 | 850 | 827 |
| 水分（%） | 11.4 | 11.4 | 11.7 | 10.9 | 9.0 | 9.1 | 8.3 | 11.2 |
| 粗蛋白（%，干基） | 12.4 | 12.6 | 13.1 | 18.5 | 14.5 | 15.0 | 13.7 | 12.4 |
| 降落数值（s） | 372 | 465 | 409 | 314 | 237 | 298 | 400 | 401 |
| **面粉** | | | | | | | | |
| 出粉率（%） | 69.0 | 72.0 | 70.0 | 69.9 | 71.9 | 70.2 | 69.0 | 69.6 |
| 沉淀指数（mL） | 30.0 | 31.0 | 34.0 | | | | 30.0 | 31.0 |
| 湿面筋（%，14%湿基） | 26.0 | 25.7 | 27.6 | 37.5 | 31.8 | 33.9 | 28.8 | 27.9 |
| 面筋指数 | 93 | 97 | 95 | 97 | 93 | 97 | 81 | 88 |
| **面团** | | | | | | | | |
| 吸水量（mL/100g） | 57.0 | 57.2 | 57.5 | 62.2 | 62.6 | 69.3 | 61.6 | 62.5 |
| 形成时间（min） | 8.3 | 1.7 | 2.0 | 6.7 | 5.5 | 5.7 | 3.2 | 1.9 |
| 稳定时间（min） | 19.8 | 16.6 | 16.6 | 9.7 | 8.3 | 7.8 | 6.8 | 6.3 |
| 拉伸面积（$cm^2$，135min） | 147 | 132 | 138 | | 111 | 82 | | |
| 延伸性（mm） | 133 | 119 | 141 | | 231 | 175 | | |
| 最大拉伸阻力（E. U） | 883 | 850 | 748 | | 394 | 359 | | |
| **烘焙评价** | | | | | | | | |
| 面包体积（mL） | | | | | | | | |
| 面包评分 | | | | | | | | |
| **蒸煮评价** | | | | | | | | |
| 面条评分 | | | | 90 | 90 | 86 | | |

（续）

| 样品编号 | 210124 | 220189 | 220354 | 200044 | 200115 | 210120 | 220342 | 220097 |
|---|---|---|---|---|---|---|---|---|
| 品种名称 | 新选 979 | 徐麦 44 | 徐麦 44 | 烟宏 2000 | 烟宏 2000 | 烟宏 2000 | 烟宏 2000 | 烟农 19 |
| 样品来源 | 安徽涡阳 | 河南滑县 | 安徽涡阳 | 河南滑县 | 安徽涡阳 | 安徽涡阳 | 安徽涡阳 | 江苏赣榆 |
| 达标类型 | Z3/MS | — | MS | MS | Z3/MS | MS | Z3/MS | MS |
| **籽粒** | | | | | | | | |
| 容重（g/L） | 842 | 839 | 829 | 856 | 816 | 836 | 822 | 823 |
| 水分（%） | 11.7 | 11.6 | 11.1 | 9.2 | 12.3 | 12.0 | 10.6 | 10.5 |
| 粗蛋白（%，干基） | 14.3 | 12.7 | 13.4 | 13.6 | 15.1 | 13.1 | 14.6 | 13.4 |
| 降落数值（s） | 386 | 478 | 570 | 427 | 438 | 438 | 415 | 502 |
| **面粉** | | | | | | | | |
| 出粉率（%） | 69.5 | 68.2 | 67.3 | 70.0 | 67.0 | 69.3 | 65.8 | 66.9 |
| 沉淀指数（mL） | 31.0 | | | 28.0 | 34.5 | 26.0 | | |
| 湿面筋（%，14%湿基） | 32.6 | 26.4 | 28.7 | 29.2 | 34.2 | 29.3 | 29.3 | 28.7 |
| 面筋指数 | 90 | 98 | 98 | 69 | 75 | 77 | 98 | 80 |
| **面团** | | | | | | | | |
| 吸水量（mL/100g） | 64.0 | 62.9 | 60.7 | 64.1 | 67.6 | 61.9 | 64.6 | 60.4 |
| 形成时间（min） | 3.9 | 1.8 | 1.9 | 4.2 | 11.7 | 2.3 | 10.2 | 6.2 |
| 稳定时间（min） | 9.0 | 2.2 | 24.5 | 6.5 | 17.5 | 9.1 | 15.7 | 17.0 |
| 拉伸面积（$cm^2$，135min） | 122 | | 130 | | 102 | 75 | 123 | 113 |
| 延伸性（mm） | 185 | | 125 | | 161 | 117 | 148 | 130 |
| 最大拉伸阻力（E.U） | 529 | | 814 | | 469 | 458 | 628 | 677 |
| **烘焙评价** | | | | | | | | |
| 面包体积（mL） | 760 | | | | | | | |
| 面包评分 | 72 | | | | | | | |
| **蒸煮评价** | | | | | | | | |
| 面条评分 | | | | | | | | 85 |

（续）

| 样品编号 | 220122 | 220124 | 220503 | 210012 | 210114 | 210148 | 220512 | 210062 |
|---|---|---|---|---|---|---|---|---|
| 品种名称 | 烟农 19 | 烟农 19 | 烟农 19 | 烟农 999 | 烟农 999 | 烟农 999 | 烟农 999 | 扬麦 23 |
| 样品来源 | 江苏铜山 | 江苏东海 | 山东中区 | 河南滑县 | 安徽涡阳 | 河北柏乡 | 山东安丘 | 江苏泰州 |
| 达标类型 | — | Z3/MS | Z3/MS | — | MS | — | MS | MS |
| **籽粒** | | | | | | | | |
| 容重（g/L） | 825 | 789 | 841 | 847 | 851 | 831 | 796 | 772 |
| 水分（%） | 10.7 | 10.6 | 9.9 | 11.3 | 12.4 | 12.9 | 11.1 | 11.5 |
| 粗蛋白（%，干基） | 10.7 | 14.4 | 13.8 | 13.2 | 13.6 | 13.0 | 14.4 | 15.3 |
| 降落数值（s） | 446 | 443 | 453 | 398 | 351 | 370 | 442 | 362 |
| **面粉** | | | | | | | | |
| 出粉率（%） | 68.4 | 63.6 | 70.4 | 67.6 | 66.3 | 66.8 | 64.3 | 66.5 |
| 沉淀指数（mL） | | | | 30.0 | 30.0 | 29.0 | | 52.0 |
| 湿面筋（%，14%湿基） | 21.3 | 33.3 | 31.1 | 27.6 | 29.2 | 27.2 | 30.4 | 34.4 |
| 面筋指数 | 78 | 71 | 85 | 94 | 81 | 94 | 83 | 81 |
| **面团** | | | | | | | | |
| 吸水量（mL/100g） | 63.0 | 60.7 | 64.3 | 60.1 | 59.5 | 58.7 | 60.8 | 57.7 |
| 形成时间（min） | 1.5 | 5.7 | 6.0 | 5.2 | 5.9 | 7.5 | 5.7 | 3.9 |
| 稳定时间（min） | 5.5 | 12.9 | 18.0 | 6.8 | 8.6 | 10.6 | 9.0 | 6.5 |
| 拉伸面积（$cm^2$，135min） | | 104 | 92 | | 83 | 114 | | |
| 延伸性（mm） | | 140 | 143 | | 121 | 124 | | |
| 最大拉伸阻力（E.U） | | 619 | 476 | | 512 | 695 | | |
| **烘焙评价** | | | | | | | | |
| 面包体积（mL） | | | | | | | | |
| 面包评分 | | | | | | | | |
| **蒸煮评价** | | | | | | | | |
| 面条评分 | | 85 | 85 | | | | 86 | |

（续）

| 样品编号 | 210072 | 210079 | 210081 | 220114 | 220121 | 220125 | 220307 | 220439 |
|---|---|---|---|---|---|---|---|---|
| 品种名称 | 扬麦 23 | 扬麦 23 | 扬麦 23 | 扬麦 23 | 扬麦 23 | 扬麦 23 | 永良 4 号 | 永良 4 号 |
| 样品来源 | 江苏盐城 | 江苏泰州 | 江苏泰州 | 江苏高淳 | 江苏宝应 | 江苏句容 | 河北柏乡 | 内蒙古临河 |
| 达标类型 | — | MG | MS | — | MG | MS | MS | MS |
| **籽粒** | | | | | | | | |
| 容重（g/L） | 748 | 815 | 813 | 725 | 819 | 840 | 819 | 821 |
| 水分（%） | 12.5 | 12.2 | 11.4 | 10.6 | 11.1 | 11.6 | 11.0 | 10.8 |
| 粗蛋白（%，干基） | 15.2 | 15.0 | 16.0 | 9.1 | 13.0 | 15.8 | 14.1 | 15.4 |
| 降落数值（s） | 417 | 308 | 460 | 313 | 427 | 418 | 328 | 421 |
| **面粉** | | | | | | | | |
| 出粉率（%） | 64.6 | 61.5 | 68.2 | 64.6 | 67.8 | 67.1 | 72.5 | 71.6 |
| 沉淀指数（mL） | 33.0 | 35.0 | 46.0 | | | | | |
| 湿面筋（%，14%湿基） | 35.4 | 32.3 | 35.7 | 18.3 | 28.5 | 38.1 | 30.7 | 33.0 |
| 面筋指数 | 54 | 77 | 68 | 98 | 83 | 63 | 93 | 81 |
| **面团** | | | | | | | | |
| 吸水量（mL/100g） | 62.0 | 58.4 | 58.6 | 54.8 | 58.2 | 68.9 | 61.2 | 56.9 |
| 形成时间（min） | 2.7 | 2.7 | 4.5 | 1.2 | 3.0 | 4.3 | 5.5 | 4.2 |
| 稳定时间（min） | 2.0 | 4.1 | 7.7 | 1.9 | 6.9 | 7.3 | 6.8 | 7.2 |
| 拉伸面积（$cm^2$，135min） | | | 131 | | | 81 | | |
| 延伸性（mm） | | | 202 | | | 173 | | |
| 最大拉伸阻力（E. U） | | | 488 | | | 355 | | |
| **烘焙评价** | | | | | | | | |
| 面包体积（mL） | | | 780 | | | | | |
| 面包评分 | | | 65 | | | | | |
| **蒸煮评价** | | | | | | | | |
| 面条评分 | | | | | | | 89 | 89 |

（续）

| 样品编号 | 220017 | 220054 | 220200 | 220233 | 220302 | 210057 | 220117 | 220139 |
|---|---|---|---|---|---|---|---|---|
| 品种名称 | 豫农 908 | 豫农 908 | 豫农 908 | 豫农 908 | 豫农 908 | 镇麦 15 | 镇麦 15 | 镇麦 15 |
| 样品来源 | 河南辉县 | 河南原阳 | 河南滑县 | 山东泰安 | 河北柏乡 | 江苏南通 | 江苏句容 | 江苏大丰 |
| 达标类型 | MS | — | Z3/MS | Z2 | MS | Z2 | MS | MG |
| **籽粒** | | | | | | | | |
| 容重（g/L） | 820 | 838 | 831 | 783 | 807 | 802 | 793 | 800 |
| 水分（%） | 9.5 | 9.9 | 10.3 | 10.4 | 10.6 | 11.5 | 10.6 | 10.8 |
| 粗蛋白（%，干基） | 14.1 | 12.9 | 14.1 | 16.0 | 14.5 | 14.6 | 13.3 | 15.5 |
| 降落数值（s） | 497 | 569 | 505 | 374 | 419 | 440 | 369 | 413 |
| **面粉** | | | | | | | | |
| 出粉率（%） | 66.9 | 66.7 | 66.9 | 66.9 | 66.8 | 68.3 | 66.8 | 67.1 |
| 沉淀指数（mL） | | | | | | 38.0 | | |
| 湿面筋（%，14%湿基） | 30.9 | 28.9 | 30.4 | 35.1 | 31.7 | 31.6 | 30.0 | 33.5 |
| 面筋指数 | 89 | 90 | 96 | 93 | 94 | 95 | 78 | 97 |
| **面团** | | | | | | | | |
| 吸水量（mL/100g） | 69.9 | 72.4 | 67.2 | 66.9 | 66.2 | 62.8 | 61.4 | 70.8 |
| 形成时间（min） | 8.0 | 6.2 | 7.5 | 8.8 | 5.5 | 3.4 | 2.5 | 2.3 |
| 稳定时间（min） | 10.7 | 9.4 | 10.9 | 17.5 | 9.2 | 20.6 | 7.4 | 5.0 |
| 拉伸面积（$cm^2$，135min） | 58 | 61 | 115 | 124 | | 180 | 109 | |
| 延伸性（mm） | 153 | 136 | 141 | 167 | | 184 | 132 | |
| 最大拉伸阻力（E.U） | 267 | 312 | 591 | 544 | | 786 | 614 | |
| **烘焙评价** | | | | | | | | |
| 面包体积（mL） | 770 | | 770 | 770 | | 860 | | |
| 面包评分 | 76 | | 76 | 76 | | 87 | | |
| **蒸煮评价** | | | | | | | | |
| 面条评分 | 85 | | 85 | 85 | | | | |

（续）

| 样品编号 | 210055 | 220109 | 220113 | 220115 | 200198 | 220144 | 200050 | 200072 |
|---|---|---|---|---|---|---|---|---|
| 品种名称 | 镇麦 168 | 镇麦 168 | 镇麦 168 | 镇麦 168 | 镇麦 9 号 | 镇麦 9 号 | 郑麦 119 | 郑麦 119 |
| 样品来源 | 江苏如皋 | 江苏东台 | 江苏大丰 | 江苏大丰 | 江苏姜堰 | 江苏邢江 | 河南滑县 | 山东泰安 |
| 达标类型 | G1/Z3 | — | MS | Z3/MS | MS | MG | G2/Z2 | G1/Z3 |
| **籽粒** | | | | | | | | |
| 容重（g/L） | 802 | 820 | 829 | 818 | 786 | 833 | 854 | 798 |
| 水分（%） | 11.5 | 9.4 | 10.2 | 10.7 | 10.7 | 11.1 | 8.8 | 10.5 |
| 粗蛋白（%，干基） | 16.3 | 10.2 | 13.5 | 16.5 | 16.1 | 14.7 | 15.5 | 16.9 |
| 降落数值（s） | 425 | 312 | 420 | 435 | 531 | 411 | 445 | 392 |
| **面粉** | | | | | | | | |
| 出粉率（%） | 68.4 | 64.0 | 69.8 | 70.0 | 67.0 | 64.4 | 69.0 | 69.0 |
| 沉淀指数（mL） | 41.0 | | | | 37.0 | | 41.0 | 36.5 |
| 湿面筋（%，14%湿基） | 37.8 | 19.4 | 32.8 | 38.3 | 35.4 | 31.9 | 33.3 | 39.6 |
| 面筋指数 | 79 | 99 | 86 | 68 | 75 | 69 | 84 | 65 |
| **面团** | | | | | | | | |
| 吸水量（mL/100g） | 63.5 | 64.1 | 67.3 | 67.1 | 66.0 | 62.6 | 65.5 | 65.4 |
| 形成时间（min） | 5.0 | 1.9 | 3.2 | 5.8 | 5.7 | 2.8 | 7.2 | 6.7 |
| 稳定时间（min） | 10.7 | 1.8 | 7.9 | 8.9 | 9.7 | 4.7 | 19.9 | 11.2 |
| 拉伸面积（$cm^2$，135min） | 164 | | 99 | 96 | 103 | | 137 | 112 |
| 延伸性（mm） | 192 | | 166 | 173 | 167 | | 191 | 171 |
| 最大拉伸阻力（E. U） | 645 | | 462 | 404 | 457 | | 574 | 490 |
| **烘焙评价** | | | | | | | | |
| 面包体积（mL） | 850 | | | | 700 | | 790 | 790 |
| 面包评分 | 86 | | | | 68 | | 80 | 80 |
| **蒸煮评价** | | | | | | | | |
| 面条评分 | | | | | | | | |

（续）

| 样品编号 | 200123 | 200154 | 200022 | 200061 | 200129 | 200155 | 220443 | 220537 |
|---|---|---|---|---|---|---|---|---|
| 品种名称 | 郑麦 119 | 郑麦 119 | 郑麦 369 | 郑麦 369 | 郑麦 369 | 郑麦 369 | 郑麦 379 | 郑麦 379 |
| 样品来源 | 安徽涡阳 | 河北柏乡 | 河南滑县 | 山东泰安 | 安徽涡阳 | 河北柏乡 | 河南临颍 | 河南南乐 |
| 达标类型 | G1/Z2 | G2 | MS | Z3/MS | Z2 | MS | MS | Z3/MS |
| **籽粒** | | | | | | | | |
| 容重（g/L） | 819 | 836 | 846 | 810 | 820 | 840 | 842 | 835 |
| 水分（%） | 11.1 | 10.1 | 9.3 | 10.9 | 11.9 | 10.5 | 10.2 | 10.6 |
| 粗蛋白（%，干基） | 17.0 | 15.8 | 14.6 | 16.0 | 15.3 | 15.4 | 13.1 | 15.3 |
| 降落数值（s） | 463 | 376 | 432 | 410 | 424 | 392 | 402 | 466 |
| **面粉** | | | | | | | | |
| 出粉率（%） | 67.0 | 69.0 | 69.0 | 68.0 | 68.0 | 71.0 | 70.0 | 67.5 |
| 沉淀指数（mL） | 40.5 | 37.0 | 36.0 | 35.0 | 36.0 | 32.5 | | |
| 湿面筋（%，14%湿基） | 39.0 | 35.7 | 29.9 | 36.6 | 33.3 | 34.5 | 29.3 | 30.6 |
| 面筋指数 | 71 | 86 | 73 | 73 | 67 | 78 | 78 | 95 |
| **面团** | | | | | | | | |
| 吸水量（mL/100g） | 67.3 | 63.0 | 69.3 | 66.7 | 66.5 | 67.4 | 66.4 | 69.0 |
| 形成时间（min） | 10.5 | 5.0 | 5.3 | 6.8 | 9.8 | 5.8 | 9.0 | 8.3 |
| 稳定时间（min） | 16.2 | 7.1 | 8.8 | 11.7 | 13.8 | 8.1 | 11.9 | 20.2 |
| 拉伸面积（$cm^2$，135min） | 120 | 98 | 79 | 113 | 114 | 83 | 68 | 120 |
| 延伸性（mm） | 176 | 190 | 167 | 187 | 171 | 167 | 123 | 169 |
| 最大拉伸阻力（E.U） | 500 | 402 | 370 | 523 | 505 | 378 | 424 | 537 |
| **烘焙评价** | | | | | | | | |
| 面包体积（mL） | 790 | 790 | 750 | 750 | 750 | 750 | | 850 |
| 面包评分 | 80 | 80 | 79 | 79 | 79 | 79 | | 87 |
| **蒸煮评价** | | | | | | | | |
| 面条评分 | | | | | | | | |

（续）

| 样品编号 | 220538 | 220539 | 200232 | 200234 | 220005 | 220410 | 210037 | 210038 |
|---|---|---|---|---|---|---|---|---|
| 品种名称 | 郑麦 379 | 郑麦 379 | 郑麦 7698 | 郑麦 7698 | 郑麦 7698 | 郑麦 7698 | 郑麦 9023 | 郑麦 9023 |
| 样品来源 | 河南安阳 | 河南延津 | 河南滑县 | 河南民权 | 河南夏邑 | 河南原阳 | 江苏淮安 | 江苏盐城 |
| 达标类型 | Z2 | Z2 | MS | MS | — | Z3/MS | — | G1/Z3 |
| **籽粒** | | | | | | | | |
| 容重（g/L） | 828 | 837 | 825 | 830 | 840 | 833 | 806 | 820 |
| 水分（%） | 10.5 | 10.0 | 11.6 | 10.5 | 11.0 | 10.4 | 12.3 | 11.0 |
| 粗蛋白（%，干基） | 15.4 | 15.5 | 13.8 | 14.0 | 13.2 | 13.8 | 12.5 | 15.7 |
| 降落数值（s） | 447 | 428 | 431 | 445 | 414 | 422 | 387 | 346 |
| **面粉** | | | | | | | | |
| 出粉率（%） | 67.7 | 66.0 | 72.0 | 70.0 | 66.3 | 65.9 | 69.0 | 69.6 |
| 沉淀指数（mL） | | | 26.5 | 28.5 | | | 32.0 | 39.0 |
| 湿面筋（%，14%湿基） | 31.1 | 31.8 | 30.4 | 30.6 | 27.0 | 31.5 | 27.4 | 36.6 |
| 面筋指数 | 96 | 98 | 62 | 66 | 81 | 89 | 95 | 84 |
| **面团** | | | | | | | | |
| 吸水量（mL/100g） | 69.2 | 69.2 | 63.0 | 64.4 | 60.8 | 67.4 | 65.3 | 62.3 |
| 形成时间（min） | 9.8 | 12.3 | 9.8 | 6.8 | 9.7 | 8.2 | 2.7 | 5.0 |
| 稳定时间（min） | 23.5 | 24.2 | 9.1 | 7.0 | 15.0 | 18.9 | 8.4 | 11.9 |
| 拉伸面积（$cm^2$，135min） | 123 | 141 | 61 | 62 | 66 | 91 | 92 | 139 |
| 延伸性（mm） | 177 | 176 | 133 | 141 | 136 | 149 | 140 | 182 |
| 最大拉伸阻力（E.U） | 509 | 590 | 344 | 320 | 392 | 465 | 485 | 603 |
| **烘焙评价** | | | | | | | | |
| 面包体积（mL） | 850 | 850 | | | | | | 810 |
| 面包评分 | 87 | 87 | | | | | | 81 |
| **蒸煮评价** | | | | | | | | |
| 面条评分 | | | | | 87 | 87 | | |

（续）

| 样品编号 | 210054 | 220023 | 220127 | 220135 | Pm210125 | 220182 | 220246 | 220316 |
|---|---|---|---|---|---|---|---|---|
| 品种名称 | 郑麦 9023 | 郑麦 9023 | 郑麦 9023 | 郑麦 9023 | 郑麦 9023 | 郑麦 918 | 郑麦 918 | 郑麦 918 |
| 样品来源 | 江苏盐城 | 河南许昌 | 江苏大丰 | 江苏大丰 | 河南信阳 | 河南滑县 | 山东泰安 | 河北柏乡 |
| 达标类型 | MS | MS | MG | — | — | — | Z3/MS | — |
| **籽粒** | | | | | | | | |
| 容重（g/L） | 790 | 826 | 841 | 839 | 776 | 851 | 798 | 833 |
| 水分（%） | 12.2 | 10.0 | 11.3 | 11.3 | 12.4 | 10.9 | 10.7 | 10.1 |
| 粗蛋白（%，干基） | 13.9 | 14.9 | 14.9 | 12.4 | 12.6 | 13.2 | 15.3 | 14.1 |
| 降落数值（s） | 351 | 353 | 415 | 326 | 362 | 426 | 305 | 410 |
| **面粉** | | | | | | | | |
| 出粉率（%） | 71.9 | 69.3 | 64.2 | 70.0 | 69.0 | 67.6 | 67.1 | 65.0 |
| 沉淀指数（mL） | 31.0 | | | | 33.0 | | | |
| 湿面筋（%，14%湿基） | 33.4 | 37.9 | 33.9 | 29.0 | 26.7 | 23.9 | 32.0 | 27.9 |
| 面筋指数 | 76 | 70 | 57 | 80 | 94 | 100 | 98 | 99 |
| **面团** | | | | | | | | |
| 吸水量（mL/100g） | 62.2 | 64.3 | 59.4 | 58.9 | 63.1 | 68.8 | 68.5 | 64.8 |
| 形成时间（min） | 3.3 | 5.2 | 2.8 | 2.3 | 1.9 | 2.0 | 2.9 | 2.5 |
| 稳定时间（min） | 6.6 | 9.6 | 3.0 | 7.6 | 8.7 | 4.8 | 11.7 | 10.7 |
| 拉伸面积（$cm^2$，135min） | | 79 | | 81 | 101 | | 119 | 169 |
| 延伸性（mm） | | 169 | | 147 | 146 | | 147 | 184 |
| 最大拉伸阻力（E.U） | | 342 | | 425 | 536 | | 600 | 692 |
| **烘焙评价** | | | | | | | | |
| 面包体积（mL） | | | | | | | | |
| 面包评分 | | | | | | | | |
| **蒸煮评价** | | | | | | | | |
| 面条评分 | | 87 | | 87 | | | | |

（续）

| 样品编号 | 200176 | 210034 | 210097 | 210153 | 220033 | 220041 | 220042 | 220050 |
|---|---|---|---|---|---|---|---|---|
| 品种名称 | 中麦 29 | 中麦 29 | 中麦 29 | 中麦 29 | 中麦 29 | 中麦 29 | 中麦 29 | 中麦 29 |
| 样品来源 | 河北柏乡 | 河南滑县 | 安徽涡阳 | 河北柏乡 | 河北高邑 | 河北宁晋 | 河北高邑 | 河北高邑 |
| 达标类型 | G2/Z1 | Z3/MS | G2/Z2 | Z3/MS | Z3/MS | Z3/MS | Z3/MS | — |
| **籽粒** | | | | | | | | |
| 容重（g/L） | 840 | 802 | 855 | 825 | 807 | 813 | 808 | 810 |
| 水分（%） | 10.1 | 11.0 | 11.4 | 12.1 | 10.7 | 9.8 | 9.9 | 9.4 |
| 粗蛋白（%，干基） | 15.8 | 14.0 | 15.4 | 13.8 | 14.4 | 14.4 | 14.4 | 13.9 |
| 降落数值（s） | 379 | 403 | 372 | 421 | 419 | 400 | 415 | 476 |
| **面粉** | | | | | | | | |
| 出粉率（%） | 71.0 | 70.0 | 71.8 | 70.8 | 68.1 | 68.3 | 69.1 | 70.2 |
| 沉淀指数（mL） | 36.0 | 34.0 | 36.0 | 34.0 | | | | |
| 湿面筋（%，14%湿基） | 33.7 | 29.2 | 33.6 | 29.5 | 30.2 | 30.4 | 30.6 | 34.5 |
| 面筋指数 | 88 | 97 | 92 | 80 | 95 | 97 | 95 | 45 |
| **面团** | | | | | | | | |
| 吸水量（mL/100g） | 58.0 | 57.3 | 58.6 | 56.7 | 56.9 | 58.4 | 59.7 | 70.0 |
| 形成时间（min） | 9.0 | 2.7 | 6.5 | 6.7 | 7.5 | 7.0 | 3.7 | 2.7 |
| 稳定时间（min） | 17.3 | 13.3 | 19.4 | 15.5 | 17.9 | 23.9 | 14.9 | 2.0 |
| 拉伸面积（$cm^2$，135min） | 156 | 161 | 138 | 139 | 125 | 113 | 142 | |
| 延伸性（mm） | 179 | 168 | 161 | 159 | 148 | 156 | 153 | |
| 最大拉伸阻力（E.U） | 676 | 745 | 656 | 651 | 657 | 553 | 742 | |
| **烘焙评价** | | | | | | | | |
| 面包体积（mL） | 800 | | 800 | | 800 | 800 | 800 | |
| 面包评分 | 84 | | 83 | | 83 | 83 | 83 | |
| **蒸煮评价** | | | | | | | | |
| 面条评分 | | | | | | | | |

（续）

| 样品编号 | 220058 | 220059 | 220292 | 210195 | 210203 | 210209 | 200009 | 220232 |
|---|---|---|---|---|---|---|---|---|
| 品种名称 | 中麦 29 | 中麦 29 | 中麦 29 | 中麦 5051 | 中麦 5051 | 中麦 5051 | 周麦 32 | 洲元 9636 |
| 样品来源 | 河北栾城 | 河北赵县 | 河北柏乡 | 河北藁城 | 河北辛集 | 河北保定 | 河南滑县 | 山东泰安 |
| 达标类型 | — | — | Z3/MS | MS | MS | MS | Z2 | MS |
| **籽粒** | | | | | | | | |
| 容重（g/L） | 843 | 841 | 831 | 794 | 833 | 800 | 851 | 813 |
| 水分（%） | 10.1 | 10.2 | 10.4 | 12.0 | 11.9 | 12.0 | 8.8 | 10.4 |
| 粗蛋白（%，干基） | 12.6 | 12.8 | 14.3 | 13.3 | 13.4 | 13.3 | 15.6 | 15.5 |
| 降落数值（s） | 417 | 379 | 372 | 381 | 454 | 409 | 425 | 355 |
| **面粉** | | | | | | | | |
| 出粉率（%） | 66.3 | 67.9 | 69.4 | 69.9 | 72.2 | 70.0 | 69.0 | 67.8 |
| 沉淀指数（mL） | | | | 32.0 | 30.0 | 30.0 | 42.0 | |
| 湿面筋（%，14%湿基） | 26.1 | 27.2 | 29.9 | 28.0 | 29.8 | 28.3 | 31.6 | 35.9 |
| 面筋指数 | 99 | 97 | 100 | 83 | 66 | 81 | 88 | 88 |
| **面团** | | | | | | | | |
| 吸水量（mL/100g） | 62.3 | 57.4 | 59.1 | 59.3 | 63.4 | 59.7 | 59.3 | 65.3 |
| 形成时间（min） | 1.9 | 7.0 | 6.4 | 2.9 | 3.8 | 2.2 | 7.5 | 7.2 |
| 稳定时间（min） | 7.3 | 16.5 | 15.1 | 8.6 | 6.7 | 6.8 | 13.0 | 9.9 |
| 拉伸面积（$cm^2$，135min） | 92 | 117 | 164 | 82 | | | 117 | |
| 延伸性（mm） | 117 | 129 | 157 | 160 | | | 158 | |
| 最大拉伸阻力（E.U） | 634 | 692 | 809 | 364 | | | 563 | |
| **烘焙评价** | | | | | | | | |
| 面包体积（mL） | | | 800 | | | | 770 | |
| 面包评分 | | | 83 | | | | 77 | |
| **蒸煮评价** | | | | | | | | |
| 面条评分 | | | | | | | | |

（续）

| 样品编号 | 220244 | 220323 | 220426 |
|---|---|---|---|
| 品种名称 | 淄麦 28 | 淄麦 28 | ZY－14 |
| 样品来源 | 山东泰安 | 河北柏乡 | 河南惠济 |
| 达标类型 | Z3/MS | — | MS |
| **籽粒** | | | |
| 容重（g/L） | 803 | 813 | 826 |
| 水分（%） | 10.9 | 10.3 | 10.1 |
| 粗蛋白（%，干基） | 14.2 | 13.1 | 14.3 |
| 降落数值（s） | 384 | 344 | 390 |
| **面粉** | | | |
| 出粉率（%） | 69.8 | 70.2 | 70.6 |
| 沉淀指数（mL） | | | |
| 湿面筋（%，14%湿基） | 32.4 | 27.5 | 35.3 |
| 面筋指数 | 88 | 96 | 80 |
| **面团** | | | |
| 吸水量（mL/100g） | 62.6 | 62.8 | 62.3 |
| 形成时间（min） | 5.8 | 2.0 | 4.3 |
| 稳定时间（min） | 10.5 | 9.3 | 7.2 |
| 拉伸面积（$cm^2$，135min） | 100 | | |
| 延伸性（mm） | 132 | | |
| 最大拉伸阻力（E.U） | 588 | | |
| **烘焙评价** | | | |
| 面包体积（mL） | | | |
| 面包评分 | | | |
| **蒸煮评价** | | | |
| 面条评分 | 84 | 84 | |

# 4 中筋小麦

## 4.1 品质综合指标

中筋小麦样品中，达到优质强筋小麦标准（G）的样品 2 份，达到郑州商品交易所强筋优质小麦交割标准（Z）的样品 9 份，达到中强筋小麦标准（MS）的样品 42 份，达到中筋小麦标准（MG）的样品 92 份，达到优质弱筋小麦标准（W）的样品 3 份，未达标（—）样品 69 份。中筋小麦主要品质指标特性如图 4 - 1 所示。

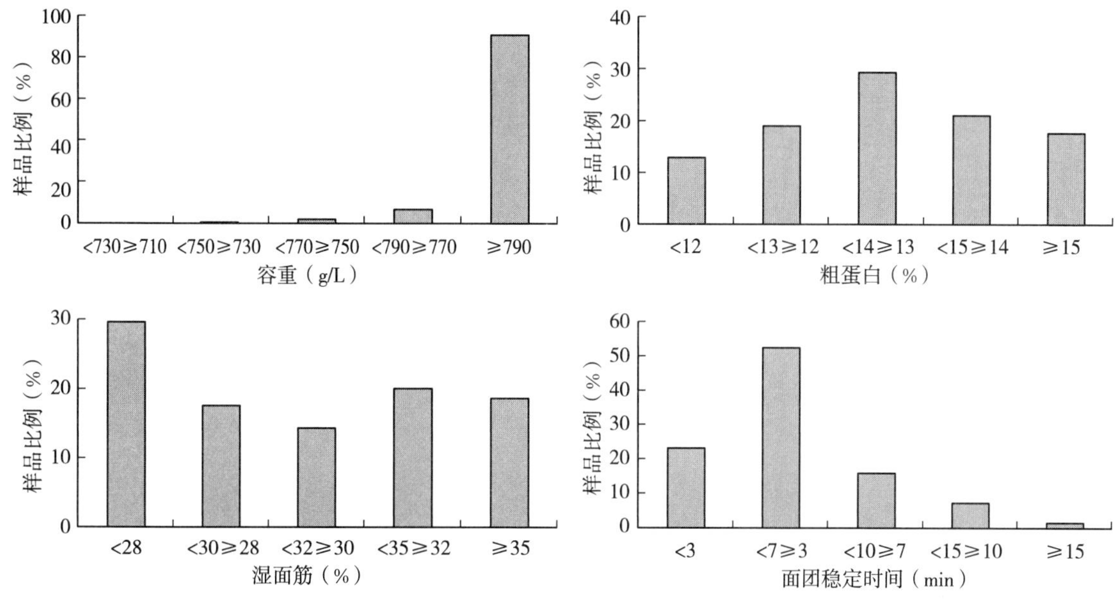


图 4 - 1 中筋小麦主要品质指标特性

## 4.2 样品质量

2020—2022 年中国中筋小麦样品品质分析统计如表 4－1 所示。

**表 4－1 2020—2022 年中国中筋小麦样品品质分析统计**

| 样品编号 | 220479 | 220399 | 200054 | 200197 | 210089 | 220095 | 220116 | 220183 |
|---|---|---|---|---|---|---|---|---|
| 品种名称 | 安麦 13 | 巴麦 13 | 百农 207 | 百农 207 | 百农 207 | 百农 207 | 百农 207 | 百农 207 |
| 样品来源 | 河南安阳 | 内蒙古杭锦后旗 | 河南滑县 | 江苏邳州 | 江苏宿迁 | 江苏铜山 | 江苏宿城 | 河南滑县 |
| 达标类型 | MG | MS | MG | MG | MG | MG | MG | — |
| **籽粒** | | | | | | | | |
| 容重（g/L） | 809 | 838 | 854 | 819 | 816 | 832 | 803 | 847 |
| 水分（%） | 10.6 | 9.7 | 9.0 | 9.8 | 12.2 | 10.5 | 10.4 | 10.4 |
| 粗蛋白（%，干基） | 14.4 | 13.7 | 14.8 | 16.0 | 13.8 | 14.2 | 12.8 | 11.3 |
| 降落数值（s） | 378 | 322 | 425 | 464 | 375 | 421 | 418 | 410 |
| **面粉** | | | | | | | | |
| 出粉率（%） | 71.1 | 71.6 | 72.0 | 71.0 | 69.1 | 68.8 | 66.9 | 71.8 |
| 沉淀指数（mL） | | | 31.0 | 33.0 | 30.0 | | | |
| 湿面筋（%，14%湿基） | 32.9 | 28.5 | 35.3 | 37.9 | 35.0 | 35.9 | 30.1 | 27.8 |
| 面筋指数 | 61 | 88 | 45 | 62 | 52 | 52 | 67 | 83 |
| **面团** | | | | | | | | |
| 吸水量（mL/100g） | 59.7 | 55.3 | 60.3 | 59.5 | 61.2 | 58.3 | 59.3 | 62.3 |
| 形成时间（min） | 3.2 | 4.9 | 3.7 | 4.0 | 3.5 | 3.0 | 3.9 | 2.3 |
| 稳定时间（min） | 2.5 | 7.1 | 3.7 | 5.3 | 4.5 | 2.7 | 5.0 | 4.2 |
| 拉伸面积（$cm^2$，135min） | | | | | | | | |
| 延伸性（mm） | | | | | | | | |
| 最大拉伸阻力（E.U） | | | | | | | | |
| **烘焙评价** | | | | | | | | |
| 面包体积（mL） | | | | | | | | |
| 面包评分 | | | | | | | | |
| **蒸煮评价** | | | | | | | | |
| 面条评分 | | 88 | | | | | | |

（续）

| 样品编号 | 220481 | 220526 | 220428 | 220488 | 220520 | 220454 | 220524 | 220501 |
|---|---|---|---|---|---|---|---|---|
| 品种名称 | 百农 307 | 百农 418 | 百农 4199 | 百农 4199 | 宝亮 5 号 | 彩麦 08 | 昌麦 20 | 春晓 186 |
| 样品来源 | 河南孟州 | 河南尉氏 | 河南新乡 | 河南尉氏 | 河南浚县 | 山东曹县 | 河南尉氏 | 河南浚县 |
| 达标类型 | MG | MS | MG | — | — | — | MG | MG |
| **籽粒** | | | | | | | | |
| 容重（g/L） | 834 | 827 | 822 | 826 | 830 | 817 | 825 | 837 |
| 水分（%） | 10.0 | 10.2 | 10.4 | 10.2 | 10.4 | 10.2 | 10.4 | 9.9 |
| 粗蛋白（%，干基） | 12.4 | 14.1 | 12.6 | 11.7 | 13.6 | 14.1 | 12.5 | 12.6 |
| 降落数值（s） | 385 | 402 | 489 | 358 | 336 | 371 | 346 | 374 |
| **面粉** | | | | | | | | |
| 出粉率（%） | 63.9 | 66.4 | 68.8 | 67.0 | 69.7 | 69.2 | 68.8 | 68.4 |
| 沉淀指数（mL） | | | | | | | | |
| 湿面筋（%，14%湿基） | 29.7 | 31.5 | 25.1 | 22.9 | 35.4 | 36.1 | 28.2 | 29.6 |
| 面筋指数 | 78 | 72 | 97 | 96 | 46 | 56 | 78 | 74 |
| **面团** | | | | | | | | |
| 吸水量（mL/100g） | 61.7 | 70.7 | 62.1 | 62.6 | 64.4 | 70.1 | 61.0 | 61.3 |
| 形成时间（min） | 2.8 | 4.2 | 1.8 | 1.9 | 1.8 | 3.2 | 3.7 | 2.7 |
| 稳定时间（min） | 4.0 | 6.2 | 5.1 | 6.3 | 1.1 | 1.8 | 5.3 | 3.5 |
| 拉伸面积（$cm^2$，135min） | | | | | | | | |
| 延伸性（mm） | | | | | | | | |
| 最大拉伸阻力（E.U） | | | | | | | | |
| **烘焙评价** | | | | | | | | |
| 面包体积（mL） | | | | | | | | |
| 面包评分 | | | | | | | | |
| **蒸煮评价** | | | | | | | | |
| 面条评分 | | 81 | | | | | | |

（续）

| 样品编号 | 200007 | 210020 | 220482 | 220471 | 220508 | 220472 | 220064 | 220468 |
|---|---|---|---|---|---|---|---|---|
| 品种名称 | 存麦 11 | 存麦 11 | 大平原 1 号 | 登海 206 | 登海 206 | 登海 216 | 泛麦 5 号 | 菲达 6 号 |
| 样品来源 | 河南滑县 | 河南滑县 | 河南辉县 | 山东莱州 | 山东鱼台 | 山东莱州 | 安徽颍州 | 山东高密 |
| 达标类型 | — | — | — | MG | — | MS | — | MG |
| **籽粒** | | | | | | | | |
| 容重（g/L） | 842 | 822 | 810 | 802 | 839 | 813 | 809 | 816 |
| 水分（%） | 9.1 | 11.0 | 10.2 | 10.7 | 10.0 | 10.8 | 11.8 | 10.1 |
| 粗蛋白（%，干基） | 14.1 | 13.0 | 9.8 | 14.2 | 11.9 | 13.4 | 12.6 | 12.7 |
| 降落数值（s） | 437 | 427 | 285 | 321 | 374 | 398 | 386 | 312 |
| **面粉** | | | | | | | | |
| 出粉率（%） | 67.0 | 69.5 | 64.8 | 66.6 | 69.2 | 67.5 | 64.3 | 64.3 |
| 沉淀指数（mL） | 33.0 | 30.0 | | | | | | |
| 湿面筋（%，14%湿基） | 26.6 | 26.6 | 18.9 | 33.2 | 25.6 | 30.4 | 23.8 | 28.4 |
| 面筋指数 | 88 | 95 | 100 | 65 | 61 | 73 | 98 | 80 |
| **面团** | | | | | | | | |
| 吸水量（mL/100g） | 57.8 | 59.5 | 65.2 | 63.1 | 62.1 | 64.5 | 58.1 | 53.7 |
| 形成时间（min） | 8.5 | 2.0 | 1.7 | 3.7 | 3.3 | 2.3 | 1.4 | 2.2 |
| 稳定时间（min） | 21.6 | 9.7 | 1.3 | 5.0 | 3.6 | 6.3 | 5.0 | 4.4 |
| 拉伸面积（$cm^2$，135min） | 98 | 76 | | | | | 82 | |
| 延伸性（mm） | 120 | 118 | | | | | 126 | |
| 最大拉伸阻力（E.U） | 613 | 476 | | | | | 476 | |
| **烘焙评价** | | | | | | | | |
| 面包体积（mL） | | | | | | | | |
| 面包评分 | | | | | | | | |
| **蒸煮评价** | | | | | | | | |
| 面条评分 | | | | | | | | |

（续）

| 样品编号 | 200200 | 220076 | 220077 | 220078 | 220086 | 220491 | 220540 | 220452 |
|---|---|---|---|---|---|---|---|---|
| 品种名称 | 国红6号 | 邯农1412 | 邯农1412 | 邯农1412 | 邯农1412 | 旱麦728 | 航麦802 | 菏麦29 |
| 样品来源 | 江苏高邮 | 河北藁城 | 河北赵县 | 河北文安 | 河北大城 | 陕西千阳 | 北京 | 山东汶上 |
| 达标类型 | MS | MG | MG | MG | MG | — | MG | MG |
| 籽粒 | | | | | | | | |
| 容重（g/L） | 803 | 828 | 825 | 818 | 825 | 801 | 804 | 829 |
| 水分（%） | 11.4 | 10.4 | 10.3 | 10.6 | 10.6 | 10.6 | 9.0 | 10.5 |
| 粗蛋白（%，干基） | 16.1 | 13.4 | 14.7 | 14.5 | 14.9 | 12.1 | 13.7 | 14.5 |
| 降落数值（s） | 393 | 433 | 481 | 434 | 407 | 250 | 343 | 427 |
| 面粉 | | | | | | | | |
| 出粉率（%） | 67.0 | 67.2 | 67.2 | 66.5 | 65.6 | 70.1 | 67.0 | 68.9 |
| 沉淀指数（mL） | 34.0 | | | | | | | |
| 湿面筋（%，14%湿基） | 35.3 | 34.3 | 31.0 | 34.0 | 35.1 | 25.4 | 31.0 | 32.5 |
| 面筋指数 | 70 | 55 | 56 | 59 | 53 | 85 | 70 | 62 |
| 面团 | | | | | | | | |
| 吸水量（mL/100g） | 56.3 | 74.4 | 76.6 | 63.3 | 63.3 | 58.4 | 59.3 | 66.2 |
| 形成时间（min） | 5.0 | 3.3 | 2.1 | 3.0 | 3.0 | 1.8 | 2.2 | 2.8 |
| 稳定时间（min） | 7.0 | 2.9 | 2.6 | 3.2 | 2.8 | 5.8 | 5.4 | 3.5 |
| 拉伸面积（$cm^2$，135min） | 112 | | | | | | | |
| 延伸性（mm） | 139 | | | | | | | |
| 最大拉伸阻力（E.U） | 597 | | | | | | | |
| 烘焙评价 | | | | | | | | |
| 面包体积（mL） | | | | | | | | |
| 面包评分 | | | | | | | | |
| 蒸煮评价 | | | | | | | | |
| 面条评分 | | | | | | | 88 | |

（续）

| 样品编号 | 200047 | 200065 | 220060 | 220507 | 200210 | 210048 | 220111 | 220126 |
|---|---|---|---|---|---|---|---|---|
| 品种名称 | 恒进麦 8 号 | 恒进麦 8 号 | 弘麦 15-1 | 怀川 66 | 淮麦 28 | 淮麦 33 | 淮麦 33 | 淮麦 33 |
| 样品来源 | 河南滑县 | 山东泰安 | 河北肃宁 | 河南解放 | 江苏泗洪 | 江苏连云港 | 江苏赣榆 | 江苏涟水 |
| 达标类型 | — | MS | MG | — | — | MG | — | MG |
| **籽粒** | | | | | | | | |
| 容重（g/L） | 870 | 816 | 814 | 818 | 826 | 785 | 827 | 824 |
| 水分（%） | 9.2 | 10.7 | 11.0 | 10.1 | 11.0 | 12.7 | 10.7 | 11.3 |
| 粗蛋白（%，干基） | 13.8 | 15.7 | 14.6 | 11.8 | 14.6 | 15.2 | 10.9 | 13.4 |
| 降落数值（s） | 429 | 397 | 439 | 361 | | 386 | 411 | 433 |
| **面粉** | | | | | | | | |
| 出粉率（%） | 70.0 | 71.0 | 67.7 | 72.2 | 65.0 | 67.5 | 66.8 | 69.1 |
| 沉淀指数（mL） | 25.0 | 29.0 | | | 30.0 | 25.0 | | |
| 湿面筋（%，14%湿基） | 27.5 | 34.8 | 34.2 | 25.9 | 29.0 | 36.6 | 25.3 | 31.7 |
| 面筋指数 | 68 | 64 | 64 | 82 | 76 | 51 | 65 | 51 |
| **面团** | | | | | | | | |
| 吸水量（mL/100g） | 60.3 | 59.2 | 76.3 | 61.2 | 54.8 | 62.6 | 56.9 | 59.0 |
| 形成时间（min） | 5.7 | 8.0 | 5.4 | 3.2 | 6.0 | 2.8 | 3.8 | 2.7 |
| 稳定时间（min） | 13.8 | 14.8 | 4.4 | 4.4 | 9.9 | 2.5 | 5.2 | 2.9 |
| 拉伸面积（$cm^2$，135min） | 57 | 79 | | | 85 | | | |
| 延伸性（mm） | 101 | 125 | | | 142 | | | |
| 最大拉伸阻力（E.U） | 426 | 491 | | | 510 | | | |
| **烘焙评价** | | | | | | | | |
| 面包体积（mL） | 700 | 700 | | | | | | |
| 面包评分 | 60 | 60 | | | | | | |
| **蒸煮评价** | | | | | | | | |
| 面条评分 | | | | | | | | |

（续）

| 样品编号 | 210058 | 200010 | 210085 | 220020 | 220118 | 220137 | 220093 | 220128 |
|---|---|---|---|---|---|---|---|---|
| 品种名称 | 淮麦 35 | 淮麦 44 | 淮麦 44 | 淮麦 44 | 淮麦 44 | 淮麦 44 | 淮麦 46 | 淮麦 46 |
| 样品来源 | 江苏宿迁 | 河南滑县 | 江苏宿迁 | 河南西华 | 江苏涟水 | 江苏清江浦 | 江苏东海 | 江苏灌南 |
| 达标类型 | MS | — | MS | MS | MS | — | MS | Z3 |
| **籽粒** | | | | | | | | |
| 容重（g/L） | 829 | 862 | 820 | 838 | 785 | 818 | 802 | 805 |
| 水分（%） | 12.1 | 9.3 | 12.6 | 10.6 | 10.3 | 11.1 | 10.8 | 11.1 |
| 粗蛋白（%，干基） | 15.7 | 13.8 | 15.0 | 13.0 | 13.3 | 11.6 | 14.4 | 12.9 |
| 降落数值（s） | 361 | 433 | 404 | 441 | 430 | 421 | 426 | 462 |
| **面粉** | | | | | | | | |
| 出粉率（%） | 64.7 | 70.0 | 68.6 | 66.5 | 67.6 | 68.6 | 65.4 | 65.3 |
| 沉淀指数（mL） | 31.0 | 25.5 | 27.0 | | | | | |
| 湿面筋（%，14%湿基） | 33.7 | 27.1 | 34.0 | 29.7 | 30.6 | 25.5 | 35.6 | 31.4 |
| 面筋指数 | 74 | 77 | 57 | 62 | 77 | 84 | 61 | 73 |
| **面团** | | | | | | | | |
| 吸水量（mL/100g） | 58.4 | 60.4 | 61.3 | 65.5 | 65.3 | 62.7 | 59.7 | 59.5 |
| 形成时间（min） | 4.5 | 7.0 | 5.7 | 7.3 | 5.5 | 5.2 | 4.3 | 4.5 |
| 稳定时间（min） | 6.0 | 8.9 | 8.8 | 8.4 | 8.9 | 13.3 | 6.7 | 8.9 |
| 拉伸面积（$cm^2$，135min） | | 65 | 63 | 42 | 61 | 58 | | 95 |
| 延伸性（mm） | | 123 | 148 | 128 | 127 | 131 | | 145 |
| 最大拉伸阻力（E.U） | | 393 | 342 | 238 | 348 | 342 | | 477 |
| **烘焙评价** | | | | | | | | |
| 面包体积（mL） | | | 750 | | | | | |
| 面包评分 | | | 62 | | | | | |
| **蒸煮评价** | | | | | | | | |
| 面条评分 | | | | 88 | 88 | | 84 | 84 |

（续）

| 样品编号 | 210039 | 220167 | 220387 | 220388 | 220408 | 220429 | 200052 | 200094 |
|---|---|---|---|---|---|---|---|---|
| 品种名称 | 淮麦 47 | 济麦 22 | 济麦 22 | 济麦 22 | 济麦 22 | 济麦 22 | 济麦 23 | 济麦 23 |
| 样品来源 | 江苏连云港 | 山东惠民 | 山东巨野 | 山东惠民 | 山东郓城 | 山东微山 | 河南滑县 | 安徽涡阳 |
| 达标类型 | MG | MG | MG | MS | MG | MG | MS | Z2 |
| **籽粒** | | | | | | | | |
| 容重（g/L） | 783 | 796 | 820 | 820 | 821 | 824 | 864 | 839 |
| 水分（%） | 12.3 | 10.8 | 10.6 | 11.5 | 10.3 | 10.5 | 9.5 | 11.7 |
| 粗蛋白（%，干基） | 13.3 | 16.1 | 13.1 | 13.9 | 13.6 | 12.6 | 15.4 | 17.1 |
| 降落数值（s） | 436 | 512 | 385 | 452 | 413 | 326 | 422 | 434 |
| **面粉** | | | | | | | | |
| 出粉率（%） | 70.0 | 69.1 | 68.5 | 68.8 | 68.6 | 66.5 | 69.0 | 67.0 |
| 沉淀指数（mL） | 24.0 | | | | | | 33.5 | 34.0 |
| 湿面筋（%，14%湿基） | 29.9 | 37.0 | 30.6 | 31.4 | 31.6 | 26.6 | 32.9 | 36.8 |
| 面筋指数 | 62 | 63 | 56 | 79 | 48 | 89 | 59 | 60 |
| **面团** | | | | | | | | |
| 吸水量（mL/100g） | 64.1 | 66.6 | 65.2 | 60.2 | 67.4 | 63.4 | 67.5 | 68.5 |
| 形成时间（min） | 4.0 | 4.2 | 2.8 | 5.0 | 3.0 | 3.0 | 5.0 | 8.5 |
| 稳定时间（min） | 3.9 | 4.8 | 2.8 | 6.0 | 3.5 | 5.7 | 12.6 | 16.5 |
| 拉伸面积（$cm^2$，135min） | | | | | | | 86 | 111 |
| 延伸性（mm） | | | | | | | 151 | 164 |
| 最大拉伸阻力（E.U） | | | | | | | 483 | 517 |
| **烘焙评价** | | | | | | | | |
| 面包体积（mL） | | | | | | | 770 | 750 |
| 面包评分 | | | | | | | 76 | 69 |
| **蒸煮评价** | | | | | | | | |
| 面条评分 | | | | 91 | | | | |

（续）

| 样品编号 | 200141 | 200226 | 220187 | 200064 | 220055 | 200168 | 220049 | 220530 |
|---|---|---|---|---|---|---|---|---|
| 品种名称 | 济麦 23 | 济麦 23 | 济麦 23 | 济糯 116 | 捷麦 19 | 金麦 66 | 金农 58 | 金诺麦 2 号 |
| 样品来源 | 河北柏乡 | 山东德州 | 河南滑县 | 山东泰安 | 河北黄骅 | 河北柏乡 | 河北高邑 | 山东泗水 |
| 达标类型 | MS | MS | — | — | — | MG | Z3/MS | MG |
| 籽粒 | | | | | | | | |
| 容重（g/L） | 819 | 842 | 855 | 788 | 765 | 845 | 818 | 783 |
| 水分（%） | 11.4 | 10.6 | 10.4 | 10.4 | 10.0 | 10.3 | 9.6 | 10.0 |
| 粗蛋白（%，干基） | 15.5 | 14.9 | 12.5 | 16.7 | 13.1 | 14.8 | 13.8 | 14.7 |
| 降落数值（s） | 330 | 330 | 478 | 64 | 496 | 402 | 466 | 392 |
| 面粉 | | | | | | | | |
| 出粉率（%） | 68.0 | 68.0 | 66.2 | 69.0 | 67.1 | 69.0 | 71.1 | 64.0 |
| 沉淀指数（mL） | 34.0 | 33.5 | | 30.5 | | 28.0 | | |
| 湿面筋（%，14%湿基） | 33.8 | 35.0 | 27.6 | 41.2 | 31.7 | 33.2 | 29.2 | 35.0 |
| 面筋指数 | 54 | 55 | 84 | 41 | 75 | 36 | 97 | 69 |
| 面团 | | | | | | | | |
| 吸水量（mL/100g） | 63.6 | 68.9 | 71.7 | 74.6 | 64.8 | 64.1 | 55.8 | 63.6 |
| 形成时间（min） | 4.8 | 4.7 | 2.2 | 4.4 | 2.3 | 3.3 | 6.5 | 2.3 |
| 稳定时间（min） | 9.0 | 7.6 | 8.3 | 2.8 | 4.2 | 3.0 | 21.4 | 3.4 |
| 拉伸面积（$cm^2$，135min） | 75 | 59 | | | | | 144 | |
| 延伸性（mm） | 155 | 143 | | | | | 148 | |
| 最大拉伸阻力（E. U） | 355 | 307 | | | | | 731 | |
| 烘焙评价 | | | | | | | | |
| 面包体积（mL） | 750 | 750 | | | | | | |
| 面包评分 | 69 | 69 | | | | | | |
| 蒸煮评价 | | | | | | | | |
| 面条评分 | | | | | | | | |

（续）

| 样品编号 | 220056 | 210196 | 220405 | 220248 | 210043 | 200189 | 220500 | 220450 |
|---|---|---|---|---|---|---|---|---|
| 品种名称 | 晋麦 100 | 科林 201 | 垦星 5 号 | 立强 1 号 | 连麦 33 | 连麦 7 号 | 联邦 2 号 | 临麦 9 号 |
| 样品来源 | 河北黄骅 | 河南新乡 | 山东兰陵 | 山东泰安 | 江苏连云港 | 江苏宿城 | 河南新乡 | 山东沂南 |
| 达标类型 | MG | — | MG | MG | MG | — | MG | MS |
| **籽粒** | | | | | | | | |
| 容重（g/L） | 784 | 798 | 837 | 799 | 824 | 829 | 839 | 806 |
| 水分（%） | 11.6 | 11.6 | 10.2 | 11.4 | 11.8 | 11.7 | 11.0 | 10.2 |
| 粗蛋白（%，干基） | 12.9 | 13.7 | 14.4 | 13.4 | 14.1 | 10.8 | 13.5 | 13.9 |
| 降落数值（s） | 442 | 348 | 462 | 368 | 419 | 505 | 405 | 381 |
| **面粉** | | | | | | | | |
| 出粉率（%） | 64.6 | 68.7 | 66.6 | 70.6 | 69.4 | 67.0 | 70.2 | 65.3 |
| 沉淀指数（mL） | | 27.0 | | | 26.0 | 22.0 | | |
| 湿面筋（%，14%湿基） | 28.0 | 32.3 | 37.4 | 34.3 | 35.9 | 14.7 | 31.2 | 29.4 |
| 面筋指数 | 80 | 53 | 50 | 62 | 60 | 95 | 65 | 78 |
| **面团** | | | | | | | | |
| 吸水量（mL/100g） | 62.0 | 58.6 | 69.5 | 67.5 | 61.8 | 62.7 | 64.5 | 61.5 |
| 形成时间（min） | 3.4 | 2.5 | 3.5 | 2.7 | 2.5 | 1.9 | 2.5 | 5.5 |
| 稳定时间（min） | 4.6 | 2.1 | 3.7 | 2.8 | 2.9 | 4.2 | 3.2 | 7.4 |
| 拉伸面积（$cm^2$，135min） | | | | | | | | |
| 延伸性（mm） | | | | | | | | |
| 最大拉伸阻力（E.U） | | | | | | | | |
| **烘焙评价** | | | | | | | | |
| 面包体积（mL） | | | | | | | | |
| 面包评分 | | | | | | | | |
| **蒸煮评价** | | | | | | | | |
| 面条评分 | | | | | | | | |

（续）

| 样品编号 | 220527 | 220036 | 220101 | 220119 | 220134 | 220216 | 200228 | 220369 |
|---|---|---|---|---|---|---|---|---|
| 品种名称 | 临麦 9 号 | 柳麦 618 | 隆麦 28 | 隆麦 28 | 隆麦 28 | 隆平 899 | 鲁研 128 | 鲁研 951 |
| 样品来源 | 山东平邑 | 安徽濉溪 | 江苏射阳 | 江苏通州 | 江苏射阳 | 安徽颍上 | 山东德州 | 山东金乡 |
| 达标类型 | MG | MS | MG | — | MG | — | MG | MG |
| 籽粒 | | | | | | | | |
| 容重（g/L） | 807 | 842 | 836 | 774 | 803 | 836 | 807 | 797 |
| 水分（%） | 10.2 | 9.7 | 10.3 | 10.3 | 11.4 | 11.3 | 10.4 | 10.8 |
| 粗蛋白（%，干基） | 13.6 | 13.6 | 12.8 | 9.8 | 14.2 | 12.0 | 13.2 | 13.7 |
| 降落数值（s） | 417 | 500 | 408 | 337 | 424 | 391 | 331 | 437 |
| 面粉 | | | | | | | | |
| 出粉率（%） | 66.6 | 66.8 | 70.2 | 66.1 | 69.1 | 63.6 | 68.0 | 67.9 |
| 沉淀指数（mL） | | | | | | | 22.0 | |
| 湿面筋（%，14%湿基） | 33.7 | 33.0 | 27.1 | 18.9 | 32.2 | 24.7 | 30.1 | 31.7 |
| 面筋指数 | 54 | 71 | 73 | 99 | 74 | 98 | 50 | 52 |
| 面团 | | | | | | | | |
| 吸水量（mL/100g） | 69.4 | 68.2 | 59.2 | 55.2 | 62.7 | 55.5 | 65.7 | 63.5 |
| 形成时间（min） | 3.5 | 7.0 | 2.3 | 1.2 | 3.5 | 1.7 | 5.3 | 4.0 |
| 稳定时间（min） | 4.1 | 8.0 | 5.9 | 1.6 | 5.9 | 3.2 | 5.2 | 5.1 |
| 拉伸面积（$cm^2$，135min） | | 47 | | | | | | |
| 延伸性（mm） | | 151 | | | | | | |
| 最大拉伸阻力（E.U） | | 221 | | | | | | |
| 烘焙评价 | | | | | | | | |
| 面包体积（mL） | | | | | | | | |
| 面包评分 | | | | | | | | |
| 蒸煮评价 | | | | | | | | |
| 面条评分 | | | | | | | | |

（续）

| 样品编号 | 220464 | 200230 | 200080 | 220176 | 220259 | 220284 | 220345 | 220029 |
|---|---|---|---|---|---|---|---|---|
| 品种名称 | 鲁研951 | 鲁原118 | 鲁原309 | 鲁原309 | 鲁原309 | 鲁原309 | 鲁原309 | 鲁原502 |
| 样品来源 | 山东长清 | 山东德州 | 山东泰安 | 河南滑县 | 山东泰安 | 河北柏乡 | 安徽涡阳 | 河北涿州 |
| 达标类型 | MG | — | Z3/MS | — | MS | MG | — | — |
| **籽粒** | | | | | | | | |
| 容重（g/L） | 795 | 814 | 818 | 853 | 794 | 829 | 818 | 758 |
| 水分（%） | 9.8 | 10.8 | 11.3 | 9.8 | 9.8 | 10.2 | 10.7 | 11.2 |
| 粗蛋白（%，干基） | 12.9 | 12.5 | 14.9 | 10.9 | 13.6 | 14.3 | 13.1 | 14.3 |
| 降落数值（s） | 411 | 332 | 383 | 430 | 369 | 356 | 411 | 313 |
| **面粉** | | | | | | | | |
| 出粉率（%） | 65.1 | 69.0 | 70.0 | 68.1 | 66.5 | 69.0 | 64.1 | 64.6 |
| 沉淀指数（mL） | | 23.0 | 31.0 | | | | | |
| 湿面筋（%，14%湿基） | 30.9 | 28.3 | 30.7 | 20.5 | 30.5 | 29.8 | 20.9 | 33.7 |
| 面筋指数 | 55 | 53 | 69 | 98 | 84 | 99 | 98 | 64 |
| **面团** | | | | | | | | |
| 吸水量（mL/100g） | 66.5 | 64.4 | 63.3 | 64.7 | 62.3 | 66.2 | 60.6 | 65.8 |
| 形成时间（min） | 3.7 | 2.8 | 5.4 | 1.7 | 4.2 | 2.3 | 1.7 | 3.3 |
| 稳定时间（min） | 5.4 | 6.1 | 9.8 | 2.3 | 9.6 | 5.9 | 2.6 | 4.5 |
| 拉伸面积（$cm^2$，135min） | | | 100 | | | | | |
| 延伸性（mm） | | | 166 | | | | | |
| 最大拉伸阻力（E.U） | | | 466 | | | | | |
| **烘焙评价** | | | | | | | | |
| 面包体积（mL） | | | 700 | | | | | |
| 面包评分 | | | 61 | | | | | |
| **蒸煮评价** | | | | | | | | |
| 面条评分 | | | | | | | | |

（续）

| 样品编号 | 220397 | 220455 | 220057 | 220066 | 220226 | 220306 | 220442 | 220517 |
|---|---|---|---|---|---|---|---|---|
| 品种名称 | 鲁原 502 | 鲁原 502 | 轮选 66 | 洛麦 26 | 马兰 1 号 | 马兰 7 号 | 孟麦 101 | 民丰 3 号 |
| 样品来源 | 山东莒县 | 山东曹县 | 河南周口 | 河南周口 | 河北肃宁 | 河北柏乡 | 河南孟州 | 河南南乐 |
| 达标类型 | — | MG | MG | MG | — | MS | MS | MG |
| **籽粒** | | | | | | | | |
| 容重（g/L） | 790 | 793 | 854 | 849 | 802 | 826 | 835 | 795 |
| 水分（%） | 11.7 | 10.3 | 10.1 | 10.0 | 10.8 | 10.5 | 10.3 | 10.9 |
| 粗蛋白（%，干基） | 11.8 | 14.0 | 13.4 | 12.2 | 15.6 | 13.4 | 13.3 | 14.5 |
| 降落数值（s） | 372 | 368 | 430 | 483 | 340 | 373 | 308 | 391 |
| **面粉** | | | | | | | | |
| 出粉率（%） | 63.7 | 68.3 | 66.3 | 68.1 | 68.1 | 68.5 | 70.2 | 70.1 |
| 沉淀指数（mL） | | | | | | | | |
| 湿面筋（%，14%湿基） | 25.7 | 35.0 | 29.9 | 28.8 | 39.2 | 32.5 | 28.8 | 35.6 |
| 面筋指数 | 76 | 59 | 59 | 65 | 41 | 83 | 73 | 76 |
| **面团** | | | | | | | | |
| 吸水量（mL/100g） | 57.7 | 70.1 | 65.3 | 71.6 | 60.0 | 65.5 | 59.7 | 60.3 |
| 形成时间（min） | 2.2 | 5.0 | 3.4 | 4.5 | 2.4 | 4.0 | 5.2 | 3.5 |
| 稳定时间（min） | 4.2 | 5.3 | 2.9 | 4.6 | 1.5 | 6.6 | 6.5 | 2.7 |
| 拉伸面积（$cm^2$，135min） | | | | | | | | |
| 延伸性（mm） | | | | | | | | |
| 最大拉伸阻力（E.U） | | | | | | | | |
| **烘焙评价** | | | | | | | | |
| 面包体积（mL） | | | | | | | | |
| 面包评分 | | | | | | | | |
| **蒸煮评价** | | | | | | | | |
| 面条评分 | | | | | | | | |

（续）

| 样品编号 | 200192 | 210084 | 220392 | 200183 | 200184 | 210042 | 220105 | 220112 |
|---|---|---|---|---|---|---|---|---|
| 品种名称 | 明麦 133 | 明麦 133 | 宁春 58 | 宁麦 13 | 宁麦 13 | 宁麦 13 | 宁麦 13 | 宁麦 13 |
| 样品来源 | 江苏东台 | 江苏淮安 | 宁夏永宁 | 江苏靖江 | 江苏金湖 | 江苏镇江 | 江苏高邮 | 江苏淮安 |
| 达标类型 | MG | MG | — | — | W | — | — | — |
| **籽粒** | | | | | | | | |
| 容重（g/L） | 794 | 800 | 829 | 771 | 796 | 808 | 817 | 810 |
| 水分（%） | 11.1 | 11.8 | 10.4 | 11.5 | 11.1 | 12.2 | 9.9 | 10.8 |
| 粗蛋白（%，干基） | 15.5 | 14.9 | 15.7 | 10.1 | 10.2 | 12.2 | 13.5 | 9.9 |
| 降落数值（s） | 429 | 391 | 275 | 234 | 393 | 384 | 417 | 342 |
| **面粉** | | | | | | | | |
| 出粉率（%） | 69.0 | 68.9 | 69.2 | 66.0 | 69.0 | 67.1 | 69.0 | 65.0 |
| 沉淀指数（mL） | 38.0 | 36.0 | | 15.0 | 18.0 | 34.0 | | |
| 湿面筋（%，14%湿基） | 34.9 | 34.0 | 33.8 | 18.6 | 19.6 | 25.0 | 27.9 | 20.6 |
| 面筋指数 | 86 | 70 | 79 | 59 | 71 | 94 | 90 | 92 |
| **面团** | | | | | | | | |
| 吸水量（mL/100g） | 63.2 | 64.9 | 62.2 | 53.7 | 55.6 | 60.5 | 61.3 | 54.4 |
| 形成时间（min） | 4.4 | 3.9 | 4.2 | 1.4 | 1.5 | 1.8 | 2.4 | 1.5 |
| 稳定时间（min） | 5.9 | 5.2 | 6.0 | 1.4 | 2.3 | 4.7 | 13.5 | 4.2 |
| 拉伸面积（$cm^2$，135min） | | | | | | | 130 | |
| 延伸性（mm） | | | | | | | 121 | |
| 最大拉伸阻力（E.U） | | | | | | | 842 | |
| **烘焙评价** | | | | | | | | |
| 面包体积（mL） | | | | | | | | |
| 面包评分 | | | | | | | | |
| **蒸煮评价** | | | | | | | | |
| 面条评分 | | | | | | | | |

（续）

| 样品编号 | 220129 | 220048 | 200039 | 200091 | 200134 | 200147 | 200021 | 200088 |
|---|---|---|---|---|---|---|---|---|
| 品种名称 | 宁麦 13 | 农大 399 | 农麦 158 | 农麦 158 | 农麦 158 | 农麦 158 | 农麦 168 | 农麦 168 |
| 样品来源 | 江苏高邮 | 河北高邑 | 河南滑县 | 山东泰安 | 安徽涡阳 | 河北柏乡 | 河南滑县 | 山东泰安 |
| 达标类型 | MG | — | MS | Z3/MS | MS | MG | MG | — |
| **籽粒** | | | | | | | | |
| 容重（g/L） | 826 | 807 | 851 | 806 | 803 | 832 | 854 | 819 |
| 水分（%） | 11.0 | 10.2 | 8.8 | 11.3 | 11.8 | 10.5 | 8.9 | 11.2 |
| 粗蛋白（%，干基） | 15.0 | 13.3 | 14.3 | 15.2 | 18.2 | 15.6 | 13.3 | 13.7 |
| 降落数值（s） | 485 | 341 | 432 | 372 | 423 | 373 | 366 | 330 |
| **面粉** | | | | | | | | |
| 出粉率（%） | 66.0 | 71.5 | 72.0 | 70.0 | 66.0 | 70.0 | 70.0 | 70.0 |
| 沉淀指数（mL） | | | 26.0 | 27.0 | 27.0 | 29.0 | 25.0 | 23.5 |
| 湿面筋（%，14%湿基） | 37.8 | 33.7 | 30.1 | 36.5 | 44.7 | 35.8 | 26.2 | 29.6 |
| 面筋指数 | 61 | 49 | 59 | 47 | 51 | 55 | 81 | 61 |
| **面团** | | | | | | | | |
| 吸水量（mL/100g） | 63.8 | 62.9 | 60.9 | 61.7 | 63.9 | 59.3 | 63.0 | 60.0 |
| 形成时间（min） | 4.0 | 2.7 | 4.3 | 3.9 | 4.7 | 4.2 | 3.5 | 3.0 |
| 稳定时间（min） | 5.2 | 1.5 | 9.8 | 8.2 | 7.5 | 5.9 | 5.2 | 2.3 |
| 拉伸面积（$cm^2$，135min） | | | 64 | 129 | 48 | | | |
| 延伸性（mm） | | | 126 | 148 | 149 | | | |
| 最大拉伸阻力（E.U） | | | 379 | 729 | 237 | | | |
| **烘焙评价** | | | | | | | | |
| 面包体积（mL） | | | 760 | | | | | |
| 面包评分 | | | 71 | | | | | |
| **蒸煮评价** | | | | | | | | |
| 面条评分 | | | | | | | | |

（续）

| 样品编号 | 200148 | 210036 | 210194 | 220453 | 220457 | 220516 | 220515 | 220519 |
|---|---|---|---|---|---|---|---|---|
| 品种名称 | 农麦 168 | 农麦 168 | 平安 0602 | 平安 11 | 平安 658 | 濮兴 10 | 濮兴 11 | 濮兴 16 |
| 样品来源 | 河北柏乡 | 河南滑县 | 河南新郑 | 河南温县 | 河南温县 | 河南南乐 | 河南南乐 | 河南南乐 |
| 达标类型 | MG | MG | MG | — | MG | — | — | MG |
| **籽粒** | | | | | | | | |
| 容重（g/L） | 843 | 830 | 824 | 844 | 825 | 826 | 822 | 825 |
| 水分（%） | 10.6 | 11.5 | 10.9 | 10.8 | 10.4 | 11.3 | 11.3 | 10.7 |
| 粗蛋白（%，干基） | 13.2 | 12.7 | 12.9 | 12.7 | 13.1 | 12.8 | 13.2 | 13.8 |
| 降落数值（s） | 335 | 360 | 421 | 440 | 303 | 385 | 359 | 361 |
| **面粉** | | | | | | | | |
| 出粉率（%） | 70.0 | 69.0 | 70.8 | 68.5 | 68.8 | 69.5 | 69.9 | 68.1 |
| 沉淀指数（mL） | 24.5 | 25.0 | 22.0 | | | | | |
| 湿面筋（%，14%湿基） | 29.6 | 28.3 | 29.5 | 24.9 | 28.8 | 28.8 | 30.4 | 31.4 |
| 面筋指数 | 62 | 68 | 48 | 86 | 53 | 68 | 57 | 66 |
| **面团** | | | | | | | | |
| 吸水量（mL/100g） | 60.1 | 61.8 | 62.2 | 64.6 | 66.2 | 61.7 | 58.2 | 58.7 |
| 形成时间（min） | 3.2 | 3.0 | 3.0 | 1.7 | 3.5 | 2.7 | 2.2 | 3.0 |
| 稳定时间（min） | 2.5 | 3.4 | 2.6 | 1.5 | 3.1 | 2.0 | 1.4 | 3.5 |
| 拉伸面积（$cm^2$，135min） | | | | | | | | |
| 延伸性（mm） | | | | | | | | |
| 最大拉伸阻力（E. U） | | | | | | | | |
| **烘焙评价** | | | | | | | | |
| 面包体积（mL） | | | | | | | | |
| 面包评分 | | | | | | | | |
| **蒸煮评价** | | | | | | | | |
| 面条评分 | | | | | | | | |

（续）

| 样品编号 | 220514 | 220518 | 220400 | 220235 | 220458 | 220448 | 220445 | 220434 |
|---|---|---|---|---|---|---|---|---|
| 品种名称 | 濮兴 5 号 | 濮兴 8 号 | 齐民 12 | 齐民 15 | 秦鑫 368 | 青农 126 | 青农 1604 | 青农 6 号 |
| 样品来源 | 河南南乐 | 河南南乐 | 山东临淄 | 山东泰安 | 陕西周至 | 山东平度 | 山东平度 | 山东平度 |
| 达标类型 | — | MG | MG | MS | — | MG | — | MS |
| **籽粒** | | | | | | | | |
| 容重（g/L） | 832 | 826 | 787 | 795 | 798 | 812 | 761 | 812 |
| 水分（%） | 10.9 | 10.8 | 11.0 | 10.1 | 10.6 | 10.4 | 10.0 | 10.6 |
| 粗蛋白（%，干基） | 12.8 | 12.7 | 14.6 | 14.6 | 12.1 | 14.5 | 13.2 | 14.5 |
| 降落数值（s） | 402 | 355 | 428 | 429 | 400 | 404 | 412 | 411 |
| **面粉** | | | | | | | | |
| 出粉率（%） | 70.4 | 68.8 | 67.5 | 66.3 | 65.6 | 68.0 | 64.7 | 64.1 |
| 沉淀指数（mL） | | | | | | | | |
| 湿面筋（%，14%湿基） | 29.1 | 30.2 | 33.4 | 36.1 | 24.7 | 32.8 | 26.9 | 30.2 |
| 面筋指数 | 68 | 68 | 58 | 66 | 90 | 76 | 99 | 92 |
| **面团** | | | | | | | | |
| 吸水量（mL/100g） | 59.1 | 62.7 | 61.8 | 67.1 | 57.1 | 61.9 | 56.9 | 64.6 |
| 形成时间（min） | 2.5 | 2.7 | 2.9 | 3.5 | 6.5 | 3.0 | 1.8 | 1.7 |
| 稳定时间（min） | 1.9 | 2.6 | 3.8 | 7.0 | 11.1 | 4.9 | 4.2 | 8.0 |
| 拉伸面积（$cm^2$，135min） | | | | | 97 | | | |
| 延伸性（mm） | | | | | 137 | | | |
| 最大拉伸阻力（E.U） | | | | | 534 | | | |
| **烘焙评价** | | | | | | | | |
| 面包体积（mL） | | | | | | | | |
| 面包评分 | | | | | | | | |
| **蒸煮评价** | | | | | | | | |
| 面条评分 | | | | | | | | |

（续）

| 样品编号 | 220433 | 220480 | 220063 | 220361 | 220040 | 200187 | 220038 | 200006 |
|---|---|---|---|---|---|---|---|---|
| 品种名称 | 青农7号 | 秋乐168 | 荃麦725 | 荃麦725 | 瑞华麦506 | 瑞华麦516 | 瑞华麦549 | 赛德麦8号 |
| 样品来源 | 山东平度 | 河南新乡 | 安徽颍州 | 安徽涡阳 | 江苏洋河 | 江苏宿城 | 江苏宿城 | 河南滑县 |
| 达标类型 | MG | MG | — | — | MS | — | — | — |
| **籽粒** | | | | | | | | |
| 容重（g/L） | 823 | 822 | 820 | 816 | 852 | 807 | 858 | 850 |
| 水分（%） | 10.3 | 9.9 | 9.5 | 10.6 | 10.2 | 11.7 | 11.1 | 8.9 |
| 粗蛋白（%，干基） | 15.7 | 12.9 | 12.7 | 13.5 | 13.7 | 10.5 | 11.7 | 13.3 |
| 降落数值（s） | 518 | 421 | 367 | 447 | 497 | 441 | 448 | 410 |
| **面粉** | | | | | | | | |
| 出粉率（%） | 67.0 | 66.6 | 65.0 | 65.2 | 68.2 | 65.0 | 66.9 | 70.0 |
| 沉淀指数（mL） | | | | | | 16.0 | | 31.0 |
| 湿面筋（%，14%湿基） | 36.0 | 31.1 | 32.3 | 33.5 | 33.6 | 20.9 | 26.4 | 26.1 |
| 面筋指数 | 70 | 54 | 55 | 56 | 67 | 59 | 65 | 86 |
| **面团** | | | | | | | | |
| 吸水量（mL/100g） | 65.2 | 59.5 | 58.3 | 55.9 | 65.3 | 60.9 | 66.2 | 62.7 |
| 形成时间（min） | 3.7 | 2.3 | 1.7 | 2.7 | 4.3 | 1.8 | 3.8 | 4.7 |
| 稳定时间（min） | 4.9 | 2.6 | 2.2 | 2.4 | 6.4 | 2.6 | 3.7 | 6.6 |
| 拉伸面积（$cm^2$，135min） | | | | | | | | |
| 延伸性（mm） | | | | | | | | |
| 最大拉伸阻力（E.U） | | | | | | | | |
| **烘焙评价** | | | | | | | | |
| 面包体积（mL） | | | | | | | | |
| 面包评分 | | | | | | | | |
| **蒸煮评价** | | | | | | | | |
| 面条评分 | | | | | | | | |

（续）

| 样品编号 | 220484 | 220401 | 220485 | 220475 | 220510 | 220506 | 220456 | 220225 |
|---|---|---|---|---|---|---|---|---|
| 品种名称 | 山农 25 | 山农 28 | 山农 29 | 山农 32 | 山农 37 | 陕道 198 | 商道 29 | 石农 086 |
| 样品来源 | 山东桓台 | 山东临淄 | 山东桓台 | 山东嘉祥 | 山东平邑 | 陕西临潼 | 河南浚县 | 河北肃宁 |
| 达标类型 | MG | MG | MG | MG | MS | — | MG | MG |
| **籽粒** | | | | | | | | |
| 容重（g/L） | 780 | 806 | 815 | 833 | 802 | 794 | 829 | 799 |
| 水分（%） | 10.6 | 10.3 | 11.0 | 10.0 | 10.7 | 11.1 | 10.8 | 11.0 |
| 粗蛋白（%，干基） | 13.5 | 14.4 | 12.5 | 12.4 | 13.3 | 12.6 | 15.1 | 15.0 |
| 降落数值（s） | 315 | 440 | 373 | 356 | 403 | 353 | 315 | 396 |
| **面粉** | | | | | | | | |
| 出粉率（%） | 69.7 | 66.9 | 73.6 | 67.8 | 67.6 | 71.3 | 69.8 | 66.0 |
| 沉淀指数（mL） | | | | | | | | |
| 湿面筋（%，14%湿基） | 26.7 | 35.6 | 27.3 | 29.2 | 28.2 | 27.4 | 34.7 | 35.4 |
| 面筋指数 | 84 | 66 | 73 | 60 | 73 | 88 | 74 | 64 |
| **面团** | | | | | | | | |
| 吸水量（mL/100g） | 59.4 | 61.1 | 59.1 | 62.6 | 60.0 | 61.1 | 73.8 | 64.9 |
| 形成时间（min） | 2.0 | 3.5 | 1.8 | 2.2 | 5.8 | 5.7 | 3.3 | 3.3 |
| 稳定时间（min） | 5.5 | 5.2 | 6.0 | 4.9 | 9.6 | 9.3 | 5.5 | 4.1 |
| 拉伸面积（$cm^2$，135min） | | | | | | | | |
| 延伸性（mm） | | | | | | | | |
| 最大拉伸阻力（E.U） | | | | | | | | |
| **烘焙评价** | | | | | | | | |
| 面包体积（mL） | | | | | | | | |
| 面包评分 | | | | | | | | |
| **蒸煮评价** | | | | | | | | |
| 面条评分 | | | | | | | | |

（续）

| 样品编号 | 220123 | 220431 | 220440 | 210173 | 200239 | 210167 | 220521 | 220525 |
|---|---|---|---|---|---|---|---|---|
| 品种名称 | 苏隆麦 128 | 太麦 198 | 太麦 198 | 泰田麦 117 | 泰田麦 129 | 泰田麦 129 | 天民 118 | 天民 198 |
| 样品来源 | 江苏海陵 | 山东定陶 | 山东东昌府 | 山东泰安 | 山东泰安 | 山东泰安 | 河南兰考 | 河南兰考 |
| 达标类型 | MG | MG | MS | — | MG | — | — | MG |
| **籽粒** | | | | | | | | |
| 容重（g/L） | 830 | 824 | 848 | 748 | 824 | 810 | 841 | 815 |
| 水分（%） | 11.1 | 10.3 | 9.9 | 12.1 | 10.0 | 11.5 | 9.4 | 11.3 |
| 粗蛋白（%，干基） | 12.9 | 13.8 | 13.3 | 15.6 | 13.0 | 13.9 | 13.4 | 13.8 |
| 降落数值（s） | 369 | 389 | 327 | 190 | 321 | 476 | 392 | 512 |
| **面粉** | | | | | | | | |
| 出粉率（%） | 66.8 | 68.4 | 67.5 | 70.4 | 68.0 | 69.3 | 64.9 | 61.5 |
| 沉淀指数（mL） | | | | 39.0 | 31.0 | 39.0 | | |
| 湿面筋（%，14%湿基） | 28.2 | 28.8 | 28.4 | 33.7 | 25.9 | 26.7 | 34.1 | 32.8 |
| 面筋指数 | 81 | 78 | 84 | 94 | 97 | 99 | 40 | 56 |
| **面团** | | | | | | | | |
| 吸水量（mL/100g） | 56.4 | 62.3 | 61.5 | 62.2 | 60.7 | 62.1 | 62.6 | 61.0 |
| 形成时间（min） | 2.5 | 2.8 | 2.2 | 2.5 | 1.8 | 1.7 | 1.8 | 2.2 |
| 稳定时间（min） | 6.3 | 4.7 | 6.8 | 5.9 | 3.7 | 2.4 | 1.3 | 2.5 |
| 拉伸面积（$cm^2$，135min） | | | | | | | | |
| 延伸性（mm） | | | | | | | | |
| 最大拉伸阻力（E.U） | | | | | | | | |
| **烘焙评价** | | | | | | | | |
| 面包体积（mL） | | | | | | | | |
| 面包评分 | | | | | | | | |
| **蒸煮评价** | | | | | | | | |
| 面条评分 | | | | | | | | |

（续）

| 样品编号 | 220351 | 220359 | 220355 | 210082 | 220470 | 220419 | 220336 | 200179 |
|---|---|---|---|---|---|---|---|---|
| 品种名称 | 皖科 1838 | 皖科 1838 | 皖垦麦 9 号 | 皖麦 50 | 潍麦 12 | 涡麦 19 | 涡麦 203 | 涡麦 9 号 |
| 样品来源 | 安徽涡阳 | 安徽涡阳 | 安徽涡阳 | 江苏宿迁 | 山东高密 | 安徽涡阳 | 安徽涡阳 | 安徽涡阳 |
| 达标类型 | — | — | MS | MG | MG | MS | MS | MS |
| **籽粒** | | | | | | | | |
| 容重（g/L） | 817 | 822 | 815 | 820 | 820 | 824 | 822 | 844 |
| 水分（%） | 10.4 | 11.5 | 11.3 | 12.4 | 10.1 | 10.8 | 11.9 | 12.1 |
| 粗蛋白（%，干基） | 14.0 | 14.5 | 14.8 | 14.4 | 15.1 | 13.6 | 13.7 | 16.1 |
| 降落数值（s） | 383 | 407 | 407 | 454 | 371 | 465 | 367 | 492 |
| **面粉** | | | | | | | | |
| 出粉率（%） | 65.4 | 65.3 | 65.0 | 71.5 | 66.3 | 69.6 | 64.6 | 69.0 |
| 沉淀指数（mL） | | | | 30.0 | | | | 28.0 |
| 湿面筋（%，14%湿基） | 26.1 | 26.5 | 31.9 | 34.0 | 33.5 | 28.8 | 28.1 | 39.1 |
| 面筋指数 | 96 | 93 | 90 | 61 | 59 | 88 | 91 | 48 |
| **面团** | | | | | | | | |
| 吸水量（mL/100g） | 56.2 | 54.3 | 60.4 | 62.2 | 61.9 | 63.2 | 55.4 | 64.4 |
| 形成时间（min） | 1.7 | 1.8 | 5.2 | 3.0 | 2.3 | 6.2 | 2.0 | 5.7 |
| 稳定时间（min） | 10.6 | 9.8 | 11.6 | 5.8 | 4.1 | 9.2 | 11.4 | 9.1 |
| 拉伸面积（$cm^2$，135min） | 79 | | 76 | | | | 116 | 52 |
| 延伸性（mm） | 106 | | 132 | | | | 133 | 133 |
| 最大拉伸阻力（E.U） | 557 | | 401 | | | | 657 | 280 |
| **烘焙评价** | | | | | | | | |
| 面包体积（mL） | | | | | | | | |
| 面包评分 | | | | | | | | |
| **蒸煮评价** | | | | | | | | |
| 面条评分 | | | | | | | | |

（续）

| 样品编号 | 210116 | 220446 | 220486 | 220492 | 200032 | 200059 | 200125 | 200146 |
|---|---|---|---|---|---|---|---|---|
| 品种名称 | 涡麦9号 | 武农988 | 西农100 | 西农106 | 新科麦169 | 新科麦169 | 新科麦169 | 新科麦169 |
| 样品来源 | 安徽涡阳 | 河南鄢陵 | 河南辉县 | 陕西长安 | 河南滑县 | 山东泰安 | 安徽涡阳 | 河北柏乡 |
| 达标类型 | MS | MG | MG | — | — | MS | MS | MS |
| **籽粒** | | | | | | | | |
| 容重（g/L） | 833 | 794 | 832 | 827 | 848 | 805 | 824 | 830 |
| 水分（%） | 12.9 | 10.5 | 10.7 | 9.9 | 9.0 | 10.8 | 11.7 | 10.0 |
| 粗蛋白（%，干基） | 15.7 | 12.0 | 12.5 | 12.0 | 14.7 | 17.0 | 15.7 | 16.6 |
| 降落数值（s） | 393 | 371 | 381 | 397 | 403 | 369 | 402 | 392 |
| **面粉** | | | | | | | | |
| 出粉率（%） | 68.1 | 67.5 | 71.7 | 68.6 | 65.0 | 62.0 | 62.0 | 65.0 |
| 沉淀指数（mL） | 28.0 | | | | 30.5 | 36.0 | 35.5 | 33.0 |
| 湿面筋（%，14%湿基） | 37.8 | 28.0 | 29.3 | 25.5 | 26.6 | 35.2 | 31.0 | 28.6 |
| 面筋指数 | 48 | 84 | 67 | 62 | 85 | 68 | 67 | 59 |
| **面团** | | | | | | | | |
| 吸水量（mL/100g） | 64.8 | 65.8 | 66.3 | 59.4 | 57.0 | 58.0 | 58.5 | 57.1 |
| 形成时间（min） | 4.3 | 2.5 | 3.0 | 2.8 | 5.3 | 6.8 | 8.2 | 4.8 |
| 稳定时间（min） | 6.7 | 4.5 | 3.2 | 4.2 | 8.4 | 12.6 | 13.2 | 8.2 |
| 拉伸面积（$cm^2$，135min） | | | | | 71 | 83 | 87 | 62 |
| 延伸性（mm） | | | | | 131 | 124 | 135 | 130 |
| 最大拉伸阻力（E. U） | | | | | 429 | 526 | 524 | 347 |
| **烘焙评价** | | | | | | | | |
| 面包体积（mL） | | | | | 720 | 720 | 720 | 720 |
| 面包评分 | | | | | 72 | 72 | 72 | 72 |
| **蒸煮评价** | | | | | | | | |
| 面条评分 | | | | | | | | |

（续）

| 样品编号 | 210033 | 210197 | 200083 | 200082 | 200081 | 220141 | 200182 | 200186 |
|---|---|---|---|---|---|---|---|---|
| 品种名称 | 新科麦 169 | 新植 9 号 | 鑫丰麦 4072 | 鑫麦 296 | 鑫麦 807 | 徐麦 33 | 徐麦 35 | 徐麦 35 |
| 样品来源 | 河南滑县 | 河南新乡 | 山东泰安 | 山东泰安 | 山东泰安 | 江苏睢宁 | 江苏宿城 | 江苏贾汪 |
| 达标类型 | — | — | — | MG | MG | MG | | — |
| **籽粒** | | | | | | | | |
| 容重（g/L） | 825 | 814 | 811 | 809 | 816 | 832 | 802 | 802 |
| 水分（%） | 10.6 | 11.4 | 11.1 | 11.2 | 11.2 | 10.5 | 11.7 | 11.2 |
| 粗蛋白（%，干基） | 14.1 | 12.7 | 14.1 | 15.0 | 15.0 | 13.1 | 9.2 | 10.4 |
| 降落数值（s） | 341 | 369 | 386 | 382 | 390 | 405 | 445 | 405 |
| **面粉** | | | | | | | | |
| 出粉率（%） | 64.0 | 69.3 | 71.0 | 66.0 | 71.0 | 66.7 | 67.0 | 67.0 |
| 沉淀指数（mL） | 33.0 | 26.0 | 24.0 | 31.0 | 29.0 | | 12.5 | 20.0 |
| 湿面筋（%，14%湿基） | 27.9 | 27.4 | 34.8 | 36.9 | 37.5 | 27.9 | 17.5 | 20.1 |
| 面筋指数 | 83 | 68 | 31 | 54 | 45 | 63 | 75 | 75 |
| **面团** | | | | | | | | |
| 吸水量（mL/100g） | 59.0 | 60.3 | 61.3 | 62.1 | 60.9 | 60.8 | 59.8 | 59.8 |
| 形成时间（min） | 5.5 | 3.5 | 2.3 | 3.5 | 3.5 | 5.3 | 1.4 | 1.5 |
| 稳定时间（min） | 8.9 | 6.0 | 2.0 | 3.6 | 5.0 | 6.3 | 1.1 | 3.3 |
| 拉伸面积（$cm^2$，135min） | 73 | | | | | | | |
| 延伸性（mm） | 131 | | | | | | | |
| 最大拉伸阻力（E.U） | 412 | | | | | | | |
| **烘焙评价** | | | | | | | | |
| 面包体积（mL） | | | | | | | | |
| 面包评分 | | | | | | | | |
| **蒸煮评价** | | | | | | | | |
| 面条评分 | | | | | | | | |

（续）

| 样品编号 | 220130 | 220133 | 220449 | 210061 | 220096 | 220107 | 220131 | 210075 |
|---|---|---|---|---|---|---|---|---|
| 品种名称 | 徐麦 35 | 徐麦 35 | 烟农 173 | 扬辐麦 4 号 | 扬辐麦 4 号 | 扬辐麦 4 号 | 扬辐麦 4 号 | 扬麦 12 |
| 样品来源 | 江苏东海 | 江苏贾汪 | 山东平度 | 江苏扬州 | 江苏金坛 | 江苏金坛 | 江苏高邮 | 江苏泰州 |
| 达标类型 | — | MG | MG | — | — | MG | MG | G2/Z3 |
| **籽粒** | | | | | | | | |
| 容重（g/L） | 799 | 800 | 842 | 813 | 799 | 804 | 806 | 775 |
| 水分（%） | 10.7 | 10.8 | 10.5 | 11.2 | 10.6 | 9.9 | 12.1 | 12.0 |
| 粗蛋白（%，干基） | 10.6 | 13.2 | 13.0 | 15.9 | 11.1 | 14.3 | 12.8 | 15.9 |
| 降落数值（s） | 365 | 460 | 356 | 313 | 420 | 392 | 398 | 355 |
| **面粉** | | | | | | | | |
| 出粉率（%） | 67.1 | 65.7 | 70.3 | 64.0 | 64.3 | 63.2 | 63.7 | 64.6 |
| 沉淀指数（mL） | | | | 32.0 | | | | 36.0 |
| 湿面筋（%，14%湿基） | 23.1 | 33.8 | 27.9 | 36.6 | 25.5 | 32.7 | 27.3 | 33.2 |
| 面筋指数 | 72 | 81 | 74 | 59 | 75 | 60 | 90 | 89 |
| **面团** | | | | | | | | |
| 吸水量（mL/100g） | 57.2 | 64.1 | 60.1 | 59.2 | 55.8 | 61.7 | 55.7 | 64.8 |
| 形成时间（min） | 1.0 | 3.2 | 3.3 | 2.5 | 1.7 | 3.4 | 2.0 | 8.0 |
| 稳定时间（min） | 3.1 | 4.0 | 5.1 | 2.4 | 3.4 | 3.3 | 6.2 | 11.7 |
| 拉伸面积（$cm^2$，135min） | | | | | | | | 175 |
| 延伸性（mm） | | | | | | | | 158 |
| 最大拉伸阻力（E.U） | | | | | | | | 1043 |
| **烘焙评价** | | | | | | | | |
| 面包体积（mL） | | | | | | | | 830 |
| 面包评分 | | | | | | | | 83 |
| **蒸煮评价** | | | | | | | | |
| 面条评分 | | | | | | | | |

（续）

| 样品编号 | 200180 | 200181 | 200188 | 200191 | 210053 | 210077 | 220103 | 220104 |
|---|---|---|---|---|---|---|---|---|
| 品种名称 | 扬麦 25 | 扬麦 25 | 扬麦 25 | 扬麦 25 | 扬麦 25 | 扬麦 25 | 扬麦 25 | 扬麦 25 |
| 样品来源 | 江苏惠山 | 江苏通州 | 江苏如皋 | 江苏通州 | 江苏镇江 | 江苏泰州 | 江苏兴化 | 江苏江都 |
| 达标类型 | W | W | — | — | MS | MG | MG | MG |
| **籽粒** | | | | | | | | |
| 容重（g/L） | 800 | 760 | 784 | 768 | 790 | 792 | 835 | 811 |
| 水分（%） | 12.0 | 11.3 | 11.4 | 11.2 | 12.2 | 11.9 | 10.2 | 9.8 |
| 粗蛋白（%，干基） | 9.5 | 9.6 | 10.7 | 10.4 | 14.1 | 15.2 | 12.9 | 13.4 |
| 降落数值（s） | 452 | 414 | 419 | 364 | 353 | 347 | 379 | 377 |
| **面粉** | | | | | | | | |
| 出粉率（%） | 68.0 | 66.0 | 66.0 | 66.0 | 67.0 | 66.5 | 60.6 | 63.9 |
| 沉淀指数（mL） | 17.0 | 18.0 | 17.0 | 20.0 | 31.0 | 28.0 | | |
| 湿面筋（%，14%湿基） | 17.9 | 14.3 | 17.8 | 20.6 | 29.5 | 37.5 | 29.6 | 30.9 |
| 面筋指数 | 74 | 97 | 95 | 90 | 83 | 60 | 76 | 80 |
| **面团** | | | | | | | | |
| 吸水量（mL/100g） | 58.7 | 51.1 | 59.6 | 55.4 | 59.8 | 57.4 | 56.7 | 59.1 |
| 形成时间（min） | 1.3 | 1.4 | 1.7 | 1.5 | 2.5 | 2.3 | 4.0 | 4.0 |
| 稳定时间（min） | 1.4 | 1.5 | 2.8 | 3.3 | 6.8 | 3.1 | 5.8 | 5.6 |
| 拉伸面积（$cm^2$，135min） | | | | | | | | |
| 延伸性（mm） | | | | | | | | |
| 最大拉伸阻力（E.U） | | | | | | | | |
| **烘焙评价** | | | | | | | | |
| 面包体积（mL） | | | | | | | | |
| 面包评分 | | | | | | | | |
| **蒸煮评价** | | | | | | | | |
| 面条评分 | | | | | | | | |

（续）

| 样品编号 | 220140 | 220143 | 220061 | 220474 | 220493 | 210051 | 210067 | 220478 |
|---|---|---|---|---|---|---|---|---|
| 品种名称 | 扬麦 25 | 扬麦 27 | 有孚 5 号 | 长旱 58 | 长武 521 | 镇麦 13 | 镇麦 13 | 郑麦 136 |
| 样品来源 | 江苏惠山 | 江苏广陵 | 河北桃城 | 陕西长武 | 陕西千阳 | 江苏淮安 | 江苏盐城 | 河南延津 |
| 达标类型 | — | — | — | MG | MG | MG | G2/Z3 | MG |
| **籽粒** | | | | | | | | |
| 容重（g/L） | 805 | 805 | 783 | 800 | 816 | 814 | 789 | 864 |
| 水分（%） | 11.2 | 10.5 | 11.5 | 10.4 | 11.0 | 11.5 | 11.0 | 9.9 |
| 粗蛋白（%，干基） | 9.4 | 10.4 | 14.2 | 13.8 | 14.2 | 17.4 | 17.0 | 12.3 |
| 降落数值（s） | 320 | 440 | 358 | 428 | 433 | 431 | 413 | 382 |
| **面粉** | | | | | | | | |
| 出粉率（%） | 64.7 | 65.2 | 64.6 | 70.8 | 69.0 | 69.5 | 68.8 | 71.9 |
| 沉淀指数（mL） | | | | | | 41.0 | 43.0 | |
| 湿面筋（%，14%湿基） | 18.8 | 22.8 | 33.0 | 32.8 | 31.6 | 44.7 | 39.5 | 27.1 |
| 面筋指数 | 99 | 68 | 40 | 79 | 80 | 60 | 81 | 55 |
| **面团** | | | | | | | | |
| 吸水量（mL/100g） | 55.9 | 54.1 | 70.8 | 60.9 | 62.4 | 67.7 | 64.4 | 63.0 |
| 形成时间（min） | 1.5 | 1.4 | 2.2 | 4.0 | 4.5 | 3.9 | 6.2 | 3.4 |
| 稳定时间（min） | 2.1 | 1.4 | 1.0 | 4.6 | 5.6 | 4.5 | 9.4 | 3.9 |
| 拉伸面积（$cm^2$，135min） | | | | | | | | |
| 延伸性（mm） | | | | | | | | |
| 最大拉伸阻力（E. U） | | | | | | | | |
| **烘焙评价** | | | | | | | | |
| 面包体积（mL） | | | | | | | | |
| 面包评分 | | | | | | | | |
| **蒸煮评价** | | | | | | | | |
| 面条评分 | | | | | | | | |

（续）

| 样品编号 | 220441 | 200233 | 210205 | 220511 | 210028 | 220006 | 220019 | 210198 |
|---|---|---|---|---|---|---|---|---|
| 品种名称 | 郑麦 186 | 郑麦 1860 | 郑麦 1860 | 郑麦 1860 | 郑品麦 8 号 | 中麦 30 | 中麦 30 | 中植 0914 |
| 样品来源 | 河南临颍 | 河南原阳 | 河南许昌 | 河南滑县 | 河南滑县 | 山东曲阜 | 河北无极 | 河南新乡 |
| 达标类型 | MG | MS | MG | — | MS | MG | MG | MG |
| **籽粒** | | | | | | | | |
| 容重（g/L） | 853 | 829 | 837 | 826 | 838 | 834 | 813 | 831 |
| 水分（%） | 10.7 | 11.2 | 11.1 | 11.3 | 10.9 | 11.4 | 10.3 | 12.0 |
| 粗蛋白（%，干基） | 12.8 | 13.4 | 13.7 | 12.5 | 13.5 | 14.0 | 13.8 | 13.6 |
| 降落数值（s） | 463 | 424 | 364 | 396 | 403 | 465 | 446 | 441 |
| **面粉** | | | | | | | | |
| 出粉率（%） | 69.1 | 66.0 | 69.6 | 69.4 | 71.3 | 69.4 | 67.0 | 69.7 |
| 沉淀指数（mL） | | 30.5 | 24.0 | | 27.0 | | | 22.0 |
| 湿面筋（%，14%湿基） | 28.9 | 30.0 | 30.8 | 26.6 | 29.6 | 34.6 | 34.3 | 30.6 |
| 面筋指数 | 80 | 71 | 47 | 78 | 80 | 51 | 50 | 47 |
| **面团** | | | | | | | | |
| 吸水量（mL/100g） | 61.8 | 67.1 | 62.2 | 60.2 | 62.0 | 59.2 | 63.9 | 61.5 |
| 形成时间（min） | 4.0 | 7.0 | 3.7 | 4.2 | 6.0 | 2.7 | 4.3 | 2.9 |
| 稳定时间（min） | 4.6 | 10.4 | 4.2 | 7.4 | 12.8 | 2.7 | 4.2 | 3.1 |
| 拉伸面积（$cm^2$，135min） | | 66 | | | 68 | | | |
| 延伸性（mm） | | 141 | | | 126 | | | |
| 最大拉伸阻力（E.U） | | 353 | | | 401 | | | |
| **烘焙评价** | | | | | | | | |
| 面包体积（mL） | | 770 | | | | | | |
| 面包评分 | | 80 | | | | | | |
| **蒸煮评价** | | | | | | | | |
| 面条评分 | | | | | | | | |

（续）

| 样品编号 | 220496 | 200073 | 200145 |
|---|---|---|---|
| 品种名称 | 周麦 27 | 周麦 28 | 周麦 28 |
| 样品来源 | 河南尉氏 | 山东泰安 | 河北柏乡 |
| 达标类型 | — | Z3/MS | Z3/MS |
| **籽粒** | | | |
| 容重（g/L） | 830 | 805 | 837 |
| 水分（%） | 10.3 | 11.1 | 10.2 |
| 粗蛋白（%，干基） | 11.5 | 18.0 | 17.2 |
| 降落数值（s） | 415 | 374 | 395 |
| **面粉** | | | |
| 出粉率（%） | 66.5 | 67.0 | 69.0 |
| 沉淀指数（mL） | | 40.0 | 38.5 |
| 湿面筋（%，14%湿基） | 24.0 | 38.1 | 36.4 |
| 面筋指数 | 86 | 71 | 67 |
| **面团** | | | |
| 吸水量（mL/100g） | 61.3 | 62.4 | 58.1 |
| 形成时间（min） | 3.0 | 15.2 | 5.5 |
| 稳定时间（min） | 8.4 | 11.7 | 9.5 |
| 拉伸面积（$cm^2$，135min） | | 111 | 91 |
| 延伸性（mm） | | 158 | 162 |
| 最大拉伸阻力（E.U） | | 529 | 423 |
| **烘焙评价** | | | |
| 面包体积（mL） | | 730 | 730 |
| 面包评分 | | 72 | 72 |
| **蒸煮评价** | | | |
| 面条评分 | | | |

# 5 弱筋小麦

## 5.1 品质综合指标

弱筋小麦样品中，达到中筋小麦标准（MG）的样品 1 份，达到优质弱筋小麦标准（W）的样品 5 份，未达标（—）样品 4 份。

## 5.2 样本质量

2020—2022 年中国弱筋小麦样品品质分析统计如表 5－1 所示。

**表 5－1 2020—2022 年中国弱筋小麦样品品质分析统计**

| 样品编号 | 200185 | 210080 | 220147 | 200190 | 220142 | 210060 | 220091 | 220099 |
|---|---|---|---|---|---|---|---|---|
| 品种名称 | 扬麦 20 | 扬麦 20 | 扬麦 20 | 扬麦 22 | 扬麦 24 | 扬麦 30 | 扬麦 30 | 扬麦 30 |
| 样品来源 | 江苏通州 | 江苏镇江 | 江苏广陵 | 江苏靖江 | 江苏广陵 | 江苏苏州 | 江苏六合 | 江苏东台 |
| 达标类型 | W | — | W | — | W | — | W | MG |
| **籽粒** | | | | | | | | |
| 容重（g/L） | 755 | 762 | 804 | 780 | 775 | 779 | 823 | 782 |
| 水分（%） | 11.7 | 12.8 | 10.9 | 11.3 | 10.3 | 11.6 | 11.1 | 10.6 |
| 粗蛋白（%，干基） | 10.0 | 12.4 | 9.4 | 10.9 | 9.7 | 16.8 | 11.0 | 12.5 |
| 降落数值（s） | 394 | 332 | 184 | 388 | 404 | 260 | 441 | 306 |
| **面粉** | | | | | | | | |
| 出粉率（%） | 63.0 | 65.2 | 66.7 | 68.0 | 66.2 | 66.8 | 62.8 | 64.9 |
| 沉淀指数（mL） | 19.5 | 22.0 | | 23.0 | | 39.0 | | |
| 湿面筋（%，14%湿基） | 18.9 | 25.7 | 19.5 | 20.9 | 15.3 | 38.4 | 21.1 | 25.5 |
| 面筋指数 | 99 | 45 | 92 | 94 | 100 | 78 | 93 | 94 |
| **面团** | | | | | | | | |
| 吸水量（mL/100g） | 52.2 | 59.9 | 53.5 | 58.1 | 54.5 | 65.2 | 51.4 | 54.4 |
| 形成时间（min） | 1.3 | 2.2 | 1.4 | 1.5 | 1.2 | 4.2 | 1.2 | 1.3 |
| 稳定时间（min） | 2.4 | 2.1 | 1.0 | 4.4 | 1.1 | 4.7 | 2.3 | 3.7 |
| 拉伸面积（$cm^2$，135min） | | | | | | | | |
| 延伸性（mm） | | | | | | | | |
| 最大拉伸阻力（E.U） | | | | | | | | |
| **烘焙评价** | | | | | | | | |
| 面包体积（mL） | | | | | | | | |
| 面包评分 | | | | | | | | |
| **蒸煮评价** | | | | | | | | |
| 面条评分 | | | | | | | | |

（续）

| 样品编号 | 220145 | 220146 |
|---|---|---|
| 品种名称 | 扬麦 30 | 扬麦 36 |
| 样品来源 | 江苏广陵 | 江苏广陵 |
| 达标类型 | W | — |
| **籽粒** | | |
| 容重（g/L） | 803 | 831 |
| 水分（%） | 11.4 | 10.8 |
| 粗蛋白（%，干基） | 10.1 | 11.5 |
| 降落数值（s） | 302 | 352 |
| **面粉** | | |
| 出粉率（%） | 64.6 | 64.3 |
| 沉淀指数（mL） | | |
| 湿面筋（%，14%湿基） | 19.2 | 22.0 |
| 面筋指数 | 94 | 100 |
| **面团** | | |
| 吸水量（mL/100g） | 52.4 | 56.8 |
| 形成时间（min） | 1.4 | 1.9 |
| 稳定时间（min） | 1.2 | 2.4 |
| 拉伸面积（$cm^2$，135min） | | |
| 延伸性（mm） | | |
| 最大拉伸阻力（E.U） | | |
| **烘焙评价** | | |
| 面包体积（mL） | | |
| 面包评分 | | |
| **蒸煮评价** | | |
| 面条评分 | | |

# 6 附录

## 6.1 面条制作和面条评分方法

称取200g面粉于和面机中，启动和面机低速转动（132 r/min），在30s内均匀加入计算好的水量［每100g面粉（以14%湿基计）水分含量30%±2%］，继续搅拌30s，然后高速（290 r/min）搅拌2min，再低速搅拌2 min。把和好的颗粒粉团倒入保湿盒或保湿袋中，置于室温下醒面30 min。制面机（OHTAKE-150型）轧距为2 mm，直轧粉团1次；三折2次、对折1次；轧距为3.5mm，对折直轧1次；轧距为3mm、2.5mm、2mm和1.5mm，分别直轧1次；最后调节轧距，使切成的面条宽为2.0mm，厚度1.25mm±0.02mm。称取一定量鲜切面条（一般100g可满足5人的品尝量），放入沸水锅内，计时4min，将面条捞出，冷水浸泡30s捞出。面条评价由5位人员品尝打分，评分方法见面条评分方法（表6-1）。

**表6-1 面条评分方法**

| 色泽<br>20分 | | 表面状况<br>10分 | | 硬度<br>10分 | | 粘弹性<br>30分 | | 光滑性<br>20分 | | 食味<br>10分 | |
|---|---|---|---|---|---|---|---|---|---|---|---|
| 亮白、亮黄 | 17～20 | 结构细密、光滑 | 8～10 | 软硬适中 | 8～10 | 不粘牙、弹性好 | 27～30 | 爽口、光滑 | 17～20 | 具有麦香味 | 8～10 |
| 亮度一般 | 15～16 | 结构一般 | 7 | 稍软或硬 | 7 | 稍粘牙、弹性稍差 | 24～26 | 较爽口、光滑 | 15～16 | 基本无异味 | 7 |
| 亮度差 | 12～14 | 结构粗糙、膨胀、变形 | 6 | 太软或硬 | 6 | 粘牙、无弹性 | 21～23 | 不爽口、光滑差 | 12～14 | 有异味 | 6 |

## 6.2 郑州商品交易所期货用优质强筋小麦

郑州商品交易所期货用优质强筋小麦交割标准如表6-2所示。

**表6-2 郑州商品交易所期货用优质强筋小麦交割标准**

| 项目 | | | | 指标 | | |
|---|---|---|---|---|---|---|
| | | | | 升水品 | 基准品 | 贴水品 |
| 籽粒 | 容重（g/L） | | ≥ | | 770 | |
| | 水分（%） | | ≤ | | 13.5 | |
| | 不完善粒（%） | | ≤ | | 12.0 | |
| | 杂质（%） | 总量 | ≤ | | 1.5 | |
| | | 矿物质 | ≤ | | 0.5 | |
| | 降落数值（s） | | | | ［300，500］ | |
| | 色泽、气味 | | | | 正常 | |
| 小麦粉 | 纯度 | | ≥ | | 80% | |
| | 湿面筋（%，14%湿基） | | ≥ | 32.0 | 31.0 | 29.0 |
| | 拉伸面积（$cm^2$，135 min） | | ≥ | 140 | 110 | 90 |
| | 面团稳定时间（min） | | ≥ | 16.0 | 12.0 | 8.0 |

## 6.3 中强筋小麦和中筋小麦

本年报中强筋小麦和中筋小麦标准如表 6-3 所示。

**表 6-3 中强筋小麦、中筋小麦标准**（本报告标准）

| 项目 | | 类型 | |
|---|---|---|---|
| | | 中强筋小麦 | 中筋小麦 |
| 籽粒 | 容重（g/L） | ≥770 | |
| | 降落数值（s） | ≥300 | |
| 小麦粉 | 粗蛋白（%，干基） | ≥13.0 | ≥12.0 |
| | 湿面筋（%，14%湿基） | ≥28.0 | ≥25.0 |
| | 面团稳定时间（min） | ≥6.0 | <6.0，≥2.5 |
| | 蒸煮品质评分值 | ≥80（面条） | ≥80（馒头） |

# 7　参考文献

国家粮食储备局标准质量管理办公室，1999. 优质小麦 强筋小麦：GB/T 17892—1999［S］. 北京：中国标准出版社.

国家粮食储备局标准质量管理办公室，1999. 优质小麦 弱筋小麦：GB/T 17893—1999［S］. 北京：中国标准出版社.

中华人民共和国国家粮食局，全国粮油标准化技术委员会，2007. 小麦硬度测定 硬度指数法：GB/T 21304—2007［S］. 北京：中国标准出版社.

中华人民共和国国家粮食局，全国粮油标准化技术委员会，2013. 粮油检验 容重测定：GB/T 5498—2013［S］. 北京：中国标准出版社.

中华人民共和国国家卫生和计划生育委员会，2016. 食品安全国家标准 食品中水分的测定：GB 5009.3—2016［S］. 北京：中国标准出版社.

中华人民共和国农业部，1982. 谷类、豆类作物种子粗蛋白质测定法（半微量凯氏法）：NY/T 3—1982［S］. 北京：中国农业出版社.

中华人民共和国国家粮食局，全国粮油标准化技术委员会，2008. 小麦、黑麦及其面粉，杜伦麦及其粗粒粉 降落数值的测定 Hagberg-Perten法：GB/T 10361—2008［S］. 北京：中国标准出版社.

中华人民共和国农业部，2006. 小麦实验制粉 第2部分：布勒氏法 用于硬麦：NY/T 1094.2—2006［S］. 北京：中国农业出版社.

中华人民共和国农业部，2006. 小麦实验制粉 第4部分：布勒氏法 用于软麦统粉：NY/T 1094.4—2006［S］. 北京：中国农业出版社.

中华人民共和国国家卫生和计划生育委员会，2016. 食品安全国家标准 食品中灰分的测定：GB 5009.4—2016［S］. 北京：中国标准出版社.

中华人民共和国国家粮食局，全国粮油标准化技术委员会，2008. 小麦和小麦粉 面筋含量 第2部分：仪器法测定湿面筋：GB/T 5506.2—2008［S］. 北京：中国标准出版社.

中华人民共和国国家粮食局，全国粮油标准化技术委员会，1995. 小麦粉湿面筋质量测定法　面筋指数法：LS/T 6102—1995［S］. 北京：中国标准出版社.

中华人民共和国国家粮食局，全国粮油标准化技术委员会，2007. 小麦 沉降指数测定法 Zeleny试验：GB/T 21119—2007［S］. 北京：中国标准出版社.

中华人民共和国国家粮食和物资储备局，全国粮油标准化技术委员会，2019. 粮油检验 小麦粉面团流变学特性测试 粉质仪法：GB/T 14614—2019［S］. 北京：中国标准出版社.

中华人民共和国国家粮食和物资储备局，全国粮油标准化技术委员会，2019. 粮油检验 小麦粉面团流变学特性测试 拉伸仪法：GB/T 14615—2019［S］. 北京：中国标准出版社.

中华人民共和国国家粮食局，全国粮油标准化技术委员会，2008. 粮油检验　小麦粉面包烘焙品质试验 直接发酵法：GB/T 14611—2008［S］. 北京：中国标准出版社.

**图书在版编目（CIP）数据**

2020—2022年中国小麦质量报告 / 付金东，胡学旭主编．—北京：中国农业出版社，2023.9
ISBN 978-7-109-31058-2

Ⅰ.①2… Ⅱ.①付… ②胡… Ⅲ.①小麦－品种－研究报告－中国－2020-2022②小麦－质量－研究报告－中国－2020-2022 Ⅳ.①S512.1

中国国家版本馆CIP数据核字（2023）第164607号

**2020—2022 ZHONGGUO XIAOMAI ZHILIANG BAOGAO**

中国农业出版社出版
地址：北京市朝阳区麦子店街18号楼
邮编：100125
策划编辑：屈 娟　　责任编辑：李昕昱
版式设计：王 怡　　责任校对：史鑫宇
印刷：中农印务有限公司
版次：2023年9月第1版
印次：2023年9月北京第1次印刷
发行：新华书店北京发行所
开本：880mm×1230mm 1/16
印张：8
字数：220千字
定价：68.00元